新型职业农民培育系列教材

农作物植保新技术

徐洪明 姜雪飞 沈志河　主编

中国林业出版社

图书在版编目(CIP)数据

农作物植保新技术 / 徐洪明，姜雪飞，沈志河主编
. —北京：中国林业出版社，2017.6（2018.6 重印）
新型职业农民培育系列教材
ISBN 978−7−5038−9095−6

Ⅰ.①农… Ⅱ.①徐… ②姜… ③沈… Ⅲ.①作物—
病虫害防治—技术培训—教材 Ⅳ.①S435

中国版本图书馆 CIP 数据核字(2017)第 136442 号

出　版　中国林业出版社(100009　北京市西城区德内大街刘海
　　　　胡同 7 号)
E-mail Lucky70021@sina.com　电话（010)83143520
印　刷　三河市祥达印刷包装有限公司
发　行　中国林业出版社总发行
印　次　2018 年 6 月第 1 版第 3 次
开　本　850mm×1168mm　1/32
印　张　7.5
字　数　200 千字
定　价　26.80 元
(凡购买本社的图书,如有缺页、倒页、脱页者,本社发行部负责调换)

《农作物植保新技术》

编委会

前　言

目前,我国的农作物产品,从依靠单纯的产量、效益追求,逐步转向了"高产、优质、安全"的发展新阶段。在这其中,农作物的病虫害防治,作为一项重要的措施,其内容也发生了变化。现代农业要在保证农产品的产量安全的基础上,保证农产品的质量和环境安全。

本书在编写时力求从职业岗位分析入手,以能力本位教育为核心,语言通俗易懂、简明扼要,注重实际操作。主要内容包括农作物病虫害防治员基本技能和素质、农作物病虫害防治员专业化统防统治、农作物病虫害基础知识、农作物病虫草害识别及防治、农药基础知识、植保机械使用与维护等。本书既可作为有关人员的培训教材,也可供家庭农场经营者参考。

编　者

目　　录

模块一　农作物病虫害防治员基本技能和素质

第一节　知识与技能要求

农作物病虫害专业防治员，是一项从事预防和控制病、虫、草、鼠和其他有害生物在农作物生长过程中的危害，保证农作物正常生长、农业生产安全的职业，在工作中应遵循与其相适应的行为规范，它要求农作物病虫害防治员忠于职守、爱岗敬业，具有强烈的责任感和社会服务意识。

农作物病虫害专业防治员应具备以下基本知识和技能：

（1）了解农作物病虫草害和植物疫情对农业生产的影响。

（2）了解当地原有农作物病虫草害主要防治方式——"分散防治"存在的问题。

（3）了解专业化统防统治的概念、内涵和好处。

（4）掌握当地主要农作物病虫草害发生危害的特点。

（5）了解国内外植保机械的种类。

（6）了解植保机械在化学防治中的作用。

（7）掌握当地常用植保机械的性能及其使用技术。

（8）掌握使用不同植保机械时农药的配制比例。

（9）掌握常见植保机械的正确施药方法。

（10）会识别当地主要农作物病虫草害、植物疫情和有益生物，能独立调查病虫发生情况，做出准确防治。

（11）了解综合防治知识（农业防治、物理防治、生物防治、化学防治等)。

(12)掌握流量、喷幅、施药液量与作业速度的关系。

(13)会在病虫草害防治过程中更换适宜的喷头。

(14)了解常用农药的使用安全间隔期。

(15)了解农药及其包装物对环境、人类生产生活及农产品质量安全的影响。

(16)熟练掌握植保机械的维护与保养。

(17)掌握农药的基本知识及其在病虫草害防控中的重要作用。

(18)会直观识别农药的真伪。

(19)会根据当地主要农作物病虫草害选择合适的农药品种。

(20)掌握防治农作物药害的基本方法。

(21)了解不同施药方法,掌握影响施药质量的因素及提高农药利用率的技术。

(22)掌握安全用药及防护知识,预防中毒、中暑及其急救方法。

(23)针对每种病虫草害掌握2~3种防治的农药品种。

(24)了解预防病虫草害抗药性的基本原理。

(25)病虫专业防治员职业道德、守法要求、权益保护、经营管理等。

(26)掌握诱虫灯、诱虫板等诱捕器的使用方法,了解天敌知识与释放方法。

第二节　基本素质

一、爱岗敬业

爱岗敬业就是热爱农作物病虫害防治员工作,具有吃苦耐劳的精神，能够经得起不怕脏、不怕累的考验，充分认识到自己所从事职业的社会价值，尽心尽力地做好农作物病虫害防治工作。

二、认真负责

认真负责是指农作物病虫害防治员在从事对农作物病、虫、草、鼠害等测报、防治等工作时要认真负责，一丝不苟；对调查研究中获得的各种数据和与本职业有关的专业知识、技术成果、实际操作等的资料要实事求是，不弄虚作假。

三、勤奋好学

勤奋好学是指深入研究农作物病虫害防治专业技术知识和实际操作技能。一方面，农作物病、虫、草、鼠害的种类多，分布广，适应性强，诊断、测报及防治工作均较复杂；另一方面，农作物病虫害防治科学发展迅速，新的科学技术不断运用到生产实践之中。因此，农作物病虫害专业防治员不仅要具备较高的科学文化水平和丰富的生产实践经验，而且要不断地学习来充实自己，刻苦钻研新技术，提高业务能力，才能做好本职工作，在农业生产中发挥更大的作用。

四、规范操作

规范操作就是要求农作物病虫害专业防治员在操作过程中要严格操作规程，注意人、畜、作物及天敌的安全，做到经济、安全、有效，把病虫等有害生物控制在一定的经济允许水平下，从而提高农作物的产量和质量。

五、依法维权

依法维权即消费者合法权益受到侵害时，采取向主管部门投诉或向法院起诉，通过调解或判决的方式获得赔偿的行为。同样，农民在购买、使用农药过程中，权益受到损害时，农作物病虫害专业防治员要具有从步骤和技术上帮助他们依法维权的能力。

首先，告诉农民朋友在购买农药时，要向经营户索要发票和信誉卡并保存好，并在经营户记录台账上和信誉卡上记录购买产品、数量、批次等详细情况。其次，在使用农药时按标签说明使用，同时要留 100 毫升以上的农药保存起来。如果出现药害等问题，可以凭证据到购买农药的经营户处交涉，争取赔偿；如果存在分歧，可以列出证据，到当地农业行政部门投诉；损失严重者也可向法院起诉。

第三节　法律常识

一、《中华人民共和国农业法》

1993 年 7 月全国人大常委会通过，2002 年修订。规定"禁止生产和销售国家明令淘汰的农药、兽药、饲料添加剂、农业机械等农业生产资料"，"各级农业行政主管部门应当引导农业生产经营组织采取生物措施或者使用高效低毒低残留农药、兽药，防治动植物病、虫、杂草、鼠害。"

二、《中华人民共和国种子法》

2000 年全国人大常委会通过。第四十八条：从事品种选育和种子生产、经营以及管理的单位和个人应当遵守有关植物检疫法律、行政法规的规定，防止植物危险性病、虫、杂草及其他有害生物的传播和蔓延。禁止任何单位和个人在种子生产基地从事病虫害接种试验。

三、《中华人民共和国经济合同法》

1999 年全国人大通过。在市场经济条件下，经济合同是经常遇到的，如承包合同、雇工合同、买卖合同等。了解和运用合同法，能保护当事人的合法利益，在出现矛盾和纠纷时就法可依，使我们的经济活动有序运行。

四、《植物检疫条例》

1992 年经修订发布。《植物检疫条例》规定，凡是种子、苗木和其他繁殖材料，不论是否列入应实施检疫的植物、植物产品名单和运往何地，在调运之前，都必须经过检疫。

五、《植物检疫条例实施细则（农业部分）》

1995 年由农业部发布，1997 年修订。该实施细则明确规定各级检疫机构的职责范围，植物检疫证书的签发，植物检疫对象的划区、控制和消灭及调运，产地检疫，国外引种检疫等，并规定了具体的奖励和处罚事项。

六、《农药管理条例》

1997 年由国务院发布，2001 年修订。内容包括农药登记、农药生产、农药经营、农药监督和农药使用等八章四十九条内容。下面仅就第四章农药使用中的主要内容摘录如下。

第二十七条　农药使用者应当确认农药标签清晰，农药登记证号或者农药临时登记证号、农药生产许可证号或者生产批准文件齐全后，方可使用农药。农药使用者应当严格按照产品标签规定的剂量、防治对象、使用方法、施药适期、注意事项施用农药，不得随意改变。

第二十八条　各级农业技术推广部门应当大力推广使用安

全、高效、经济的农药。剧毒、高毒农药不得用于防治卫生害虫，不得用于瓜类、蔬菜、果树、茶叶、中草药材等。

七、《中华人民共和国农产品质量安全法》

2006 年 11 月 1 日施行。这是一部非常重要的有关农产品生产的法规，其中第四章农产品生产中第二十四条农产品生产企业和农民专业合作经济组织应建立农产品生产记录，如实记载下列事项：①使用农业投入品的名称、来源、用量、用法和使用、停用日期；②动物疫情、植物病虫草害的发生和防治情况；③收获、屠宰或者捕捞的日期。农产品生产记录应当保存二年。禁止伪造农产品记录。

八、《农民专业合作社示范章程》

2007 年 7 月 1 日农业部通过并施行。农民专业合作社是一种新的农村组织形式，是在新形势下农业发展的方向，可以认为继"包产到户"和"联产承包"之后农村发展的新阶段，是我国农业现代化的必由之路，如何在农民专业合作社的组织中开展植保工作，将是蔬菜植保员必须了解和熟悉的内容。

九、《中华人民共和国劳动合同法》

2007 年 6 月 29 日由全国人大常委会通过，于 2008 年 1 月 1 日施行。这是一部在社会主义市场经济条件下保护劳动者权利的大法，是在市场经济条件下各种用工形式和被雇佣者应遵循的法律依据，是在劳动合同中发生冲突时如何解决的法律依据。

除上述法规和条例外，凡是相关的法律都应了解，同时要经常注意由于生产形势的发展，国务院、农业部和相关部门会不断完善原来的法规或条例并会颁布新的法规或条例。上述法律法规不仅是植保员规范工作的依据，同时也是解决纠纷和矛盾的依据，同样是维护自身权利的武器。另外，各省或市、县，根据本地区的具体情况，还应制定本省或本地区的植保条例，这些条例更符合本地区的实际情况，应认真学习和遵照执行。

第四节　安全知识

一、自身安全

农作物病虫害专业防治员在从事职业工作过程中，经常在作物带有病菌、病毒的环境中工作，有时还会在试验、施药的过程中接触农药。所以，自身安全就是必须面对和注意的问题，作为一名职业工作者，要有基本的个人防护知识和意识。

二、质量安全

质量安全是指农产品质量符合保障人的健康、安全的要求。国家制定了农产品质量安全标准等级，分别为"无公害农产品""绿色食品""有机食品"三种。"无公害农产品"是指源于良好生态环境，按照专门的生产技术规程生产或加工，无有害物质残留或残留控制在一定范围之内，符合标准规定的卫生质量指标的农产品。

"绿色食品"是遵循可持续发展原则，按照特定生产方式生产，经过专门机构认定，许可使用"绿色食品"标志的，无污染的、安全、优质、营养类食品，级别比"无公害农产品"更高。"有机食品"指来自于有机农业生产体系，根据国际有机农业生产要求和相应标准生产、加工，并经具有资质的独立认证机构认证的一切农产品。"有机食品"不使用任何人工合成的化肥、农药和添加剂，因此对生产环境和品质控制的要求非常严格。《农产品质量安全法》规定国家建立农产品质量安全监测制度，保障农产品质量安全。

三、产量安全

产量安全即通过科学的管理和种植，收获的产量能够保证人类生存处在安全状态以上。随着人口数量增加，人均耕地面积越来越少，人类生活水平逐步提高，粮食产量安全保障的难度越来越大。最现实的解决方案就是从技术上提高粮食的产量和质量。而在长期耕作过程中，土壤肥力逐渐饱和，水资源供应日益紧张，农作物的耕作管理就成了保证粮食产量安全重要的技术工作，其中最直接的工作内容就包括农作物病虫害防治。

四、环境安全

环境安全即与人类生存、发展活动相关的生态环境及自然资源处于良好的状况或未遭受不可恢复的破坏。环境安全包括两个方面的内容，一方面是生产、生活、技术层面的环境安全；另一方面是社会、政治、国际层面的环境安全。农作物病虫害防治员在工作中要注意环境污染对农业生产的影响，首先要遵从预防为主、综合防治的植保方针，在保护生态平衡的情况下进行农作物病虫害防治。作为农作物病虫害专业防治员，在工作中要了解农药基本知识和毒性等级，针对农作物受到的不同病、虫、草、鼠害，选择合适的农药，在适宜阶段防治，尽量减少农药对农作物、农业、农村环境和生态的污染是十分必要的。

模块二　农作物病虫害防治员专业化统防统治

第一节　专业化统防统治的含义及意义

一、专业化统防统治的含义

农作物病虫害专业化统防统治(以下简称"专业化统防统治")是指具备一定植物保护专业技术条件的服务组织,采用先进、实用的设备和技术,为农民提供契约性的防治服务,开展社会化、规模化的农作物病虫害防控行动。

专业化统防统治要按照现代农业发展的要求,遵循"预防为主,综合防治"的植保方针,由具有一定植物保护技能的专业人员组成的,具有一定规模的服务组织,采用先进的设备和技术对农作病虫害实行安全高效的统一预防与治理的全程承包服务,同时鼓励涉农企业、专业合作社(协会)、社会组织、乡村集体组织、种植大户及个人开展农作物病虫害专业化统防统治经营服务。

二、专业化统防统治的意义

(一)促进现代农业发展的客观需要

随着我国农业、农村经济的迅速发展,农业集约化水平和组织化程度的不断提高,土地承包经营权的有序流转,规模化种植、集约化经营,已成为农业、农村经济发展的方向,迫切需要建立健全新型社会化服务体系。病虫害专业化防治较好地解决了因农村劳动力大量转移，农业生产者老龄化和女性化的突出问题，防治病虫害日趋困难等方面的难题，是新型社会化服务体系的重要组成部分，有效地促进了规模化经营，促进了现代农业的发展。

(二)确保农业生产安全的客观需要

农作物病虫发生具有"漏治一点，危害一片"的特点。实践证明，集中统一防治的效果明显高于分散防治。近年来，水稻"两迁"害虫、小麦条锈病、蝗虫、草地螟等重大病虫的发生范围扩大、危害程度加重，严重威胁着我国农业生产安全，仅仅依靠手动喷雾器单户分散防治，已不能控制病虫危害。只有发展专业化防治，推行区域统一、快速、高效、准确地联防联治和防治，才能提高防控效果、效率和效益，最大限度地减少病虫危害损失，保障农业生产安全。

(三)确保农产品质量安全的客观需要

由于我国目前农业生产仍以分散经营为主，大多数农民缺乏病虫防治的相关知识，不懂农药使用技术，施药观念落后，仍习惯大容量、针对性的喷雾方法，农药利用率低，农药飘移和流失严重，盲目、过量用药现象较为普遍。这不仅加重农田生态环境的污染，而且常导致农产品农药残留超标等事件发生。推进专业化防治，可以实现安全、科学、合理使用农药，提高农药利用率、减少农药使用量，是从生产环节上入手，降低农药残留污染，保障生态环境安全和农产品质量安全的重要措施。同时，通过组织专业化防治，普遍使用大包装农药，减少了包装废弃物对环境的污染。

(四)落实植保理念的客观需要

根据现代农业发展对植保工作的需要，针对当前农业生物灾害发生的严峻形势，农业部研究提出了近期植保工作的发展思路：就是以科学发展观为指导，坚持"预防为主、综合防治"的植保方针，牢固树立"公共植保和绿色植保"的理念，完善"政府主导、属地责任、联防联控"三大机制，强化"项目投入、体系建设、法制建设"三大基础，分作物、分病虫、分阶段、分区域地打赢"区域性重大病虫歼灭战、局部性重大病虫突击战和重大疫情阻截战"三大战役，实现"保障农业生产安全、农产品质量安全和农业生态安全"三大目标。病虫害专业化防治是所有这些工作的着力点，是植保技术集成、推广、应用的具体体现，是贯彻植保方针、落实植保理念的重要抓手，是完善植保三大机制的落脚点，是强化植保三大基础的重要载体，是打赢三大战役、确保三大安全的重要手段。

（五）实现可持续发展的客观需要

病虫害专业化防治组织的出现，改变了面对千家万户农民开展培训的困局，可以大大降低培训面，增强培训效果，解决农技推广的"最后一公里"问题。通过对提供的大面积防治服务，实现科学防治，可以迅速地将新技术推广普及开来。通过组织专业化承包防治，可以从规模和措施上统筹考虑，为了降低防治成本，而促使专业化防治组织开展规模化的农业防治、物理防治和生物防治等综合防治措施。同时，这一组织形式也为统一采取综合防治措施提供了可能和强有力的保障，真正实行绿色防控，实现可持续发展。

第二节　专业化统防统治的组织形式和服务方式

一、组织形式

各地专业化统防统治组织形式主要有以下 7 种。

一是专业合作社和协会型。按照农民专业合作社的要求，把大量分散的组织起来，形成一个有法人资格的经济实体，专门从事专业化防治服务。或由种植业、农机等专业合作社，以及一些协会，组建专业化防治队伍，拓展服务内容，提供病虫害专业化防治服务。

二是企业型。成立股份公司把专业化防治服务作为公司的核心业务，从技术指导、药剂配送、机手培训与管理、防效检查、财务管理等方面实现公司化的规范运作。或由农药经营企业购置机动喷雾机，组建专业化防治队，不仅为农户提供农药销售服务，同时还开展病虫害专业化防治服务。

三是大户主导型。主要由种植大户、科技示范户或农技人员等"能人"创办专业化防治队，在进行自有田块防治的同时，为周围农民开展专业化防治服务。

四是村级组织型。以村委会等基层组织为主体，组织村里零散机手，统一购置机动药械，统一购置农药，在本村开展病虫统一防治。

五是农场、示范基地、出口基地自有型。一些农场或农产品加工企业，为提高农产品的质量，越来越重视病虫害的防治和农产品农药残留问题，纷纷组建自己的专业化防治队，为本企业生产基地开展专业化防治服务。

六是互助型。在自愿互利的基础上，按照双向选择的原则，拥有防治机械的机手与农民建立服务关系，自发地组织在一起，在病虫防治时期开展互助防治，主要是进行代治服务。

七是应急防治型。这种类型主要是应对大范围发生的迁飞性、流行性重大病虫害，由县级植保站组建的应急专业防治队，主要开展对公共地带的公益性防治服务，在保障农业生产安全方面发挥着重要作用。

二、服务方式

开展农作物病虫害专业化防治的服务方式主要有以下三种。

一是代防代治。专业化防治组织为服务对象施药防治病虫害，收取施药服务费，一般每亩*收取4～6元。农药由服务对象自行购买或由机手统一提供。这种服务方式，专业化防治组织和服务对象之间一般无固定的服务关系。

二是阶段承包。专业化防治组织与服务对象签订服务合同，承包部分或一定时段内的病虫害防治任务。

三是全程承包。专业化防治组织根据合同约定，承包作物生长季节所有病虫害的防治。全程承包与阶段承包具有共同的特点：即专业化防治组织在县植保部门的指导下，根据病虫发生情况，确定防治对象、用药品种、用药时间，统一购药、统一配药、统一时间集中施药，防治结束后由县植保部门监督进行防效评估。

＊　1亩≈666.7平方米。

模块三　农作物病虫害基础知识

第一节　农作物害虫基础知识

昆虫属于动物界中无脊椎动物节肢动物门昆虫纲，是动物界中种类最多、分布最广、种群数量最大的类群。动物界约有350万种，已知昆虫种类约110万种，约占动物界的1/3。昆虫不仅种类多，而且与人类的关系非常密切，许多昆虫可危害农作物，传播人、畜疾病。也有很多昆虫具有重要的经济价值，如家蚕、柞蚕、蜜蜂、紫胶虫、白蜡虫等，有的昆虫能帮助植物传播花粉，有的能协助人们消灭害虫。农业昆虫是指危害农作物的昆虫和天敌昆虫，还包括蜘蛛纲的蜘蛛和螨类以及蜗牛和蛞蝓等。

一、昆虫的形态和繁殖

（一）昆虫的形态特征

昆虫最主要的特征是其成虫的躯体明显的分为头、胸、腹三段，胸部一般有两对翅，三对足。根据这些特征就能与其他节肢动物区分开来。

1. 头部

头部着生触角、眼等感觉器官和取食的口器。触角的形状因昆虫的种类和性别而有变化；昆虫的眼一般有复眼和单眼；

昆虫的口器有多种类型，如具有虹吸式口器的蝶类、蛾类，其幼虫常常是咀嚼式口器；舔吸式，如蝇类；锉吸式，如蓟马。

农作物上主要害虫的两类口器：一是咀嚼式，如小菜蛾、菜青虫、棉铃虫等，具有咀嚼式口器的害虫咬食植物叶片造成缺刻、孔洞或吃掉叶肉仅留叶脉；钻蛀茎秆或果实的昆虫则造成空洞和隧道，咬断根茎的危害幼苗。二是刺吸式：如蚜虫、白粉虱、叶蝉等，刺吸式口器的害虫以取食植物汁液来危害植物，在被害处形成斑点或造成破叶，严重时引起畸形，如卷叶、皱缩、虫瘿等，很多刺吸式害虫是植物病毒的传播者，因传毒造成的损失往往比害虫本身造成的损失还要大。

2. 胸部

胸部分前胸、中胸和后胸。每节胸的侧下方着生一对足，分别称为前足、中足和后足；中胸和后胸背上各有一对翅；昆虫的翅有透明的膜翅，如蚜虫、蜂类；有保护和飞翔作用的覆翅，如蝗虫、蝼蛄等；有蛾、蝶类的鳞翅等。昆虫翅的类型是昆虫分类的主要依据。

3. 腹部

一般由9～11节组成，腹内有内脏器官和生殖器官。昆虫雄性外生殖器叫交尾器，雌性外生殖器称为产卵器，昆虫可将卵产在植物体内或土壤中。

4. 昆虫的体壁

昆虫的躯体被骨化的几丁质包被，称为外骨骼。其功能是保持体形、保护内脏、防止体内水分蒸发和外物侵入；体壁上的鳞片、刚毛、刺等，上表皮的蜡层、护蜡层均会影响昆虫体表的黏着性，所以具有脂溶性好、有一定水溶性的杀虫剂能通过昆虫的上表皮和内外表皮，表现出比较好的杀虫效果。同一种的昆虫低龄期比老龄期体壁薄，药液比较容易进入体内，因此在低龄期施药，药效能大大提高。

（二）昆虫的繁殖和发育

1. 生殖方式

昆虫是雌雄异体的动物，绝大多数昆虫需经过雌雄交尾，受精卵产出体外才能发育成新的个体，这种繁殖方式称为有性生殖。但有些昆虫的卵不经过受精也能发育，这种繁殖方式称为孤雌生殖，孤雌生殖对昆虫的扩散具有重要作用，因为只要有一头雌虫传到一个新的地方，在适宜的环境中就能大量繁殖。昆虫还有一种繁殖方式叫卵胎生，即卵在母体内发育成幼虫后才产出体外的生殖方式。

2. 龄期

昆虫的发育是从卵孵化开始，从卵孵化出的幼虫叫1龄幼虫，经第一次蜕皮后的幼虫为2龄幼虫，前一次蜕皮到后一次蜕皮的时间称为龄期，一般昆虫在3龄期以后因外壁和蜡质加厚往往抗药性增强。因此，3龄幼虫前进行化学药剂防治效果较好。幼虫发育到成虫以后便不再蜕皮。

3. 发生世代

从卵孵化经几次蜕皮后发育为成虫，称为一个世代。经过越冬后开始活动，至翌年越冬结束的时间称为生活史，不同的昆虫因每一世代长短不同，所发生的世代也不同，有的昆虫一年只发生一个世代，有的昆虫几年才完成一个世代，如金龟子；但多数昆虫一年能发生几个世代，如蚜虫、棉铃虫、小菜蛾等。昆虫一年能发生多少世代，常随其分布的地理环境不同而异，一般南方比北方发生世代多。

经越冬后昆虫出现最早的时间称始发期，在一个生长季中昆虫发生最多的时期称为盛发期，昆虫快要终止时称为发生末期。不少昆虫由于产卵期拉得很长以及龄期的差异，同一世代的个体有先有后，在田间同一个时期，可以看到上世代的个体与下一个世代的个体同时存在的现象，这称为世代重叠或世代交替。

4. 变态类型

昆虫从卵孵化到成虫性成熟的发育过程中，除内部器官发生一系列变化外，外部形态也发生不同形体的变化，这种虫态变化的现象称为昆虫的变态。常见的变态有以下两种。

(1)不完全变态：昆虫一生经过卵、若虫、成虫三个阶段，若虫的形态和生活习性和成虫基本相同，只是体型大小和发育程度上有所差别。如蝗虫、叶蝉、椿象等。

(2)完全变态：昆虫一生经过卵、幼虫、蛹、成虫四个阶段，幼虫在形态和生活习性上与成虫截然不同，完全变态必须经过蛹期才能变为成虫。如菜青虫、烟青虫、金龟子等。

二、虫害的发生与环境的关系

影响虫害发生的时间、地区、发生数量以及危害程度是与环境密切相关的。影响虫害发生的时间及危害程度的环境因素中，主要有以下 3 方面。

(一)食物因素

农作物不仅是害虫的栖息场所，而且还是害虫的食物来源，害虫与其寄主植物世代相处，已经在生物学上产生了适应的关系，也就是害虫的取食具有一定选择性，既有喜欢吃的也有不喜欢吃的植物。如保护地种植的番茄、辣椒是白粉虱喜欢的寄主，容易造成大发生，甚至大暴发；而种植芹菜、蒜黄等白粉虱不喜欢吃的植物就可避免大发生。所以，改变种植品种、布局、播期以及管理措施等都可以很大程度上影响害虫的发生程度。

（二）气象因素

气象因素包括温度、湿度、风、雨、光等，其中温度、湿度影响最大。昆虫是变温动物，其体温随环境温度的变化而变化，所以昆虫的生长发育直接受温度的影响，可以影响害虫发生的早晚和每年发生的世代数；湿度与雨水对害虫的影响表现是，有些害虫在潮湿、雨水大的条件下不易存活，如蚜虫、红蜘蛛喜欢干旱的环境条件。

（三）天敌因素

害虫的天敌是抑制害虫种群的十分重要的因素，在自然条件下，天敌对害虫的抑制能力可以达到 $20\%\sim30\%$，不可低估天敌的抑制能力。了解和认识昆虫的天敌是为了保护和利用天敌，达到抑制或防治害虫的目的。害虫天敌是自然界中对农业害虫具有捕食、寄生能力的一切生物的统称，昆虫的天敌主要包括以下 3 类。

1. 天敌昆虫

天敌昆虫包括捕食性和寄生性两类，捕食性的有螳螂、草蛉、虎甲、步甲、瓢甲、食蚜蝇等。寄生性的以膜翅目、双翅目昆虫利用价值最大，如赤眼蜂、蚜茧蜂、寄生蝇等。

2. 致病微生物

目前研究和应用较多的昆虫病原细菌为芽孢杆菌，如苏芸金杆菌。病原真菌中比较重要的有白僵菌、蚜霉菌等。昆虫病毒最常见的是核型多角体病毒。

3. 其他食虫动物

其他食虫动物包括蜘蛛、食虫螨、青蛙、鸟类及家禽等，它们多为捕食性（少数螨类为寄生性），能取食大量害虫。

第二节　农作物病害基础知识

一、植物病害的概念

(一)植物病害的定义

当植物受到不良环境条件的影响或遭受其他生物侵染后，其代谢过程受到干扰和破坏，在生理、组织和形态上发生一系列病理变化，并出现各种不正常状态，造成生长受阻、产量降低、质量变劣甚至植株死亡的现象，称为植物病害。

植物病害都有一定的病理变化过程(即病理程序)，而植物的自然衰老凋谢以及由风、雹、虫和动物等对植物所造成的突发性机械损伤及组织死亡，因缺乏病理变化过程，故不能称为病害。

一般来说，植物发病后会不同程度地导致植物产量的减少和品质的降低，给人们带来一定的经济损失。但有些植物在寄生物的感染或在人类控制的环境下，也会产生各种各样的"病态"，如茭白受到黑粉病菌的侵染而形成肥厚脆嫩的茎，弱光下栽培成的韭黄等，其经济价值并未降低，反而有所提高，因此不能把它们当作病害。

(二)植物病害的类型

植物病害发生的原因称为病原。根据病原不同，可将植物病害分为非侵染性病害和侵染性病害两大类。

第一，非侵染性病害是指由非生物因素即不适宜的环境因素引起的病害，又称生理性病害或非传染性病害。其特点是病害不具传染性，在田间分布呈现片状或条状，环境条件改善后可以得到缓解或恢复正常。常见的有营养元素不足所致的缺素症、水分不足或过量引起的旱害和涝害、低温所致的寒害和高温所致的烫伤及日灼症以及化学药剂使用不当和有毒污染物造成的药害和毒害等。

第二，侵染性病害是指由病原生物侵染所引起的病害。其特点是具有传染性，病害发生后不能恢复常态。一般初发时都不均匀，往往有一个分布相对较多的"发病中心"。病害由少到多、由轻到重，逐步蔓延扩展。

非侵染性病害和侵染性病害是两类性质完全不同的病害，但它们之间又是互相联系和互相影响的。非侵染性病害常诱发侵染性病害的发生，如甘薯遭受冻害，生活力下降后，软腐病菌易侵入；反之，侵染性病害也可为非侵染性病害的发生提供有利条件，如小麦在入冬前发生锈病后，就将削弱植株的抗寒能力而易受冻害。

二、植物病害的形成及症状

（一）植物病害的形成

在整个农业生态系统中，各事物之间存在着错综复杂的相互关系。野生植物与栽培作物，作物与作物，作物的个体与群体，作物的细胞与细胞，作物的地上与地下部分，作物与周围的环境因素，例如阳光、空气、水分、养分、风、雨、温度、湿度以及有益的和有害的生物等，构成了一定的系统，无不在一定的时间、空间条件下，形成互相连接和互相制约的关系，而一切事物无不按照对立统一的法则发生和发展着。

农作物在长期的自然和人工选择下，形成其种群的生物学特性，对其周围的环境因素有着一定的适应范围，与其他生物种群保持着一定的消长关系。如果环境条件发生剧烈变化，其影响超出该种作物固有的适应限度，作物的正常代谢作用就会遭到干扰和破坏，使其生理功能或组织结构发生一系列的病理变化，以致在形态上呈现病态，这叫做发病。

导致植物形成病害的原因总称为病原，其中有非生物因素和生物因素。非生物因素包括气候、土壤、栽培条件等，例如，土壤水分过少或过多，导致旱或涝；温度过低，导致冻害等。生物因素包括真菌、细菌等多种微生物，它们自身不能制造营养物质，需要从其他有生命的生物或无生命的有机物质中摄取养分才能生存。这种寄生于其他生物的生物称为寄生物。能引起植物病害的寄生物称为病原物。如果寄生物为菌类，可称为病原菌。被寄生的植物称为寄主。

(二)植物病害的症状

植物感病后其外表的不正常表现称为症状。症状包括病状和病征两方面。病状是指植物本身表现出的各种不正常状态；病征是指病原物在植物发病部位表现的特征。植物病害都有病状，而病征只有在真菌、细菌所引起的病害才表现明显。

1. 病状类型

(1)变色。植物患病后局部或全株失去正常的绿色，称为变色。叶绿素的合成受抑制或被破坏，植物绿色部分均匀地变为浅绿、黄绿称褪绿，褪成黄色称为黄化；叶片不均匀褪色，呈黄、绿相间，称为花叶；花青素形成过盛，叶片变红或紫红称为红叶。

(2)坏死。植物受害部位的细胞和组织死亡，称为坏死。常表现有病斑、叶枯、溃疡、疮痂等，植物发病后最常见的坏死是病斑。病斑可以发生在根、茎、叶、果等各个部位，因病斑的颜色、形状等不同有褐斑、黑斑、轮纹斑、角斑、大斑等。

(3)腐烂。植物细胞和组织发生较大面积的消解和破坏，称为腐烂。组织幼嫩多汁的，如瓜果、蔬菜、块根及块茎等多出现湿腐，如白菜软腐病；组织较坚硬，含水分较少或腐烂后很快失水的多引起干腐，如玉米干腐病。幼苗的根或茎腐烂，幼苗直立死亡，称为立枯，幼苗倒伏，称为猝倒。

(4)萎蔫。植物由于失水而导致枝叶萎垂的现象称为萎蔫。由于土壤中含水量过少或高温时过强的蒸腾作用而引起的植物暂时缺水，若及时供水，植物是可以恢复正常的，这称为生理性萎蔫。而因病原物的侵害，植物根部或茎部的输导组织被破坏，使水分不能正常运输而引起的凋萎现象，通常是不能恢复的，称为病理性萎蔫。萎蔫急速，枝叶初期仍为青色的叫青枯，如番茄青枯病。萎蔫进展缓慢，枝叶逐渐干枯的叫枯萎，如棉花枯萎病。

（5）畸形。受害植物的细胞或组织过度增生或受到抑制而造成的形态异常称为畸形，如植株徒长、矮缩、丛枝、瘤肿、叶片皱缩、卷叶、蕨叶等。

2. 病征类型

（1）霉状物。病部表面产生各种颜色的霉层，如绵霉、霜霉、青霉、灰霉、黑霉、赤霉等。

（2）粉状物。病部形成的白色或黑色粉层，分别是白粉病和黑粉病的病征。

（3）锈状物。病部表面形成小疱状突起，破裂后散出白色或铁锈色的粉末状物，分别是白锈病和各种锈病的病征。

（4）粒状物。病部产生的形状、大小及着生情况各异的颗粒状物，如油菜菌核病病部产生的菌核；小麦白粉病、甜椒炭疽病病部上的小黑粒等。

（5）脓状物。病部产生乳白色或淡黄色，似露珠的脓状黏液，干燥后成黄褐色薄膜或胶粒，这是细菌性病害特有的病征，称菌脓。

症状是植物内部病变的外观表现，各种病害大都有其独特的症状，因此症状常作为诊断病害的重要依据。但是，需要注意的是，同一种病害因发生在不同寄主部位、不同生育期、不同发病阶段和不同环境条件下，可表现出不同的症状；而不同的病害有时却可以表现相似的症状。所以症状只能对病害做出初步诊断，必要时还需进行病原物鉴定。

三、侵染性病害和非侵染性病害的识别

根据生物因素和非生物因素引起植物病害的性质，可以分为侵染性病害（也称传染性或寄生性病害）和非侵染性病害（也称非传染性或生理性病害）。

（一）侵染性病害

由病原生物引起的植物病害称为侵染性病害。引起侵染性病害的病原物有真菌、细菌、病毒、类菌原体、线虫及寄生性种子植物等，侵染性病害是可以传染的。当前农业上发生的重要病害，主要是由真菌、细菌、病毒和线虫引起的，其中由真菌引起的病害最多。

（二）非侵染性病害

由不适宜的环境因素引起的植物病害称为非侵染性病害。这类病害是由不良的物理或化学等非生物因素引起的生理性病害，是不能传染的。

植物生长发育需要良好的环境条件，如条件不适宜甚至有害，例如养分不足、缺乏或不均衡；土壤中的盐类过多、过酸或过碱；水分过多、过少或忽多、忽少；湿度过高、过低或忽高、忽低，光照过强或过弱；环境中存在有毒物质或气体，都会影响植物的正常生长发育，导致病害发生。

四、植物非侵染性病害

非侵染性病害的病因很多，其中主要是来自于土壤、大气环境、环境污染以及由于栽培管理不当引起的危害。

（一）缺素症

植物所需的大量元素（如氮、磷、钾、钙、镁、硫）和微量元素（如铁、锰、锌、铜、硼、钼等），如果缺少或比例失衡，植物不能正常吸收利用时，就会呈现缺素现象，尤其在北方保

护地蔬菜种植的棚室土壤里，因长年连续种植一种或几种蔬菜而造成缺素现象非常普遍。如番茄脐腐病，在果实顶端脐部出现深褐色凹陷的病斑，病因是缺钙引起的，实际上土壤里并不缺钙离子，而是钙离子处于不能被植物吸收的状态，或由于过量使用磷、钾肥而抑制钙离子的吸收，而高温、干旱也会影响钙离子的吸收。另一种普遍发生的缺素症是缺铁白化病，植物叶片内缺乏铁离子，则不能形成叶绿素，使植物呈现白化，缺铁白化一般出现在新叶上而老叶正常。番茄筋腐病症状是病果坚硬，形成褐色条纹，切开病果有坏死筋腐条纹，病因是由于代谢紊乱造成体内缺乏锌、镁、钙等多种元素的缺素症。缺硼引起顶芽或嫩叶基部变淡绿，茎叶扭曲，根部易开裂，心部易坏死，花粉发育不良影响授粉结实，如萝卜褐心，菜花空茎等现象。

（二）药害

药害产生的原因往往是农药使用浓度过高，或使用过期失效的农药，混配不当，或由于某些蔬菜对农药敏感，容易引起药害等。在生产实践中有时会将药害当成病害，盲目地防治，所以对药害的识别是非常必要的。如黄瓜对石灰特别敏感，所以黄瓜应谨慎使用波尔多液，而蔬菜幼苗对波尔多铜离子反应敏感。

除草剂是杀伤高等植物的药剂，即便是具有选择性的除草剂，对栽培的蔬菜也有不同程度的杀伤作用，甚至前茬使用的除草剂对后茬作物也有很大影响，所以使用除草剂时要特别注意药害问题。邻近作物使用 2，4-D 丁酯除草剂飘移到蔬菜上，或在棚室内存放 2，4-D 丁酯气体的熏蒸作用，会造成新叶不能正常展开，变成线状皱缩的畸形叶，呈蕨叶型，常常误诊为病毒病害；使用高浓度蘸花激素或多次蘸花，易造成番茄畸形果、裂变果和空洞果。

（三）温度失调

高温、强光条件下，向阳果面的番茄、辣椒会发生日烧病，高温会造成叶片叶缘向下卷曲，萎蔫、干枯，甚至死苗；高温还会造成黄化、裂果等症状；低温会造成黄瓜的花打顶现象，或造成授粉不良而影响结果。

（四）有毒物质

邻近工厂的菜田会因工厂排出的烟、废气、污水以及汽车的尾气、粉尘等影响，而不能正常生长；土壤 pH 失调易使铁、锰、锌、铜、铝等金属元素流失而不利于吸收，导致植物中毒或干扰钙元素的吸收；由于大量施用未腐熟的粪肥、绿肥，则因嫌气发酵产生的硫化氢等多种有毒物质，常常造成蔬菜苗黑根、沤根现象。

总之，非侵染性病害的诱因是很多的，造成的非侵染性病害的症状也是非常复杂的，在诊断上不容易区分，易造成误诊，尤其与病毒病害的症状混淆不清。侵染性病害具有从点片发生逐步发展蔓延的过程，而非侵染性病害则出现均匀一致的症状，没有明显的蔓延过程。精确的诊断还需要专业的化验分析来确诊。

第三节 农作物病虫害的防治技术方法

一、物理机械防治法

物理机械防治法就是利用各种物理因素（如光、电、色、温、湿度等）和机械设备来防治有害生物的植物保护措施。此法一般简便易行，成本较低，不污染环境，而且见效快，但有些措施费时、费工，需要特殊的设备，有些方法对天敌也有影响。一般作为辅助防治措施。

（一）诱杀法

物理机械防治的主要措施之一为诱杀法，是利用害虫的趋性或其他习性诱集并杀灭害虫。常用方法有以下几种。

1. 灯光诱杀

利用害虫的趋光性，采用黑光灯、双色灯或高压汞灯，结合诱集箱、水坑或高压电网诱杀害虫的方法。大多数害虫的视觉特性对波长 330～400 纳米的短光波紫外光特别敏感，黑光灯是一种能辐射出 360 纳米紫外光的电光源，因而诱虫效果很好。黑光灯可诱集 700 多种昆虫，在大田作物害虫中，尤其对夜蛾类、螟蛾类、天蛾类、尺蛾类、灯蛾类、金龟甲类、蝼蛄类、叶蝉类等诱集力更强。

目前，生产上所推广应用的另一种光源是频振式杀虫灯，该灯的杀虫机理是运用光、波、色、味 4 种诱杀方式杀灭害虫。近距离用光，远距离用波，加以黄色外壳和气味，引诱害虫成虫扑灯，外配以频振高压电网触杀，可将成虫消灭在产卵以前，从而减少害虫基数，控制害虫为害作物。可广泛用于农、林、蔬菜、烟草、仓储、酒业酿造、园林、果园、城镇绿化、水产养殖等，对危害作物的多种害虫，如斜纹夜蛾、银纹夜蛾、烟青虫、稻飞虱、蝼蛄等都有较强的杀灭作用。

2. 色彩板诱杀

利用害虫的趋色彩性，研究各种色彩板诱杀一些"好色"性害虫，常用的有黄板和蓝板。如利用有翅蚜虫、白粉虱、斑潜蝇等对黄色的趋性，可在田间采用黄色黏胶板或黄色水皿进行诱杀。利用蓝板可诱杀蓟马、种蝇等。

3. 食饵诱杀

利用害虫对食物的趋化性，通过配制合适的食饵来诱杀害虫。如用糖酒醋液可以诱杀小地老虎和黏虫成虫，利用新鲜马粪可诱杀蝼蛄等。

4. 汰选法

健全种子与被害种子在形态、大小、比重上存在着明显的区别，因此，可将健全种子与被害种子进行分离，剔除带有病虫的种子。可通过手选、筛选、风选、盐水选等方法进行汰选。例如，油菜播种前，用10%氯化钠（NaCl）溶液选种，用清水冲洗干净后播种，可减少油菜菌核病的发病率。

5. 阻隔法

根据害虫的生活习性和扩散行为，设置物理性障碍，阻止其活动、蔓延，防止害虫为害的措施。如在设施农业中利用适宜孔径的防虫网覆盖温室和塑料大棚，以人工构建的屏障，防止害虫侵害温室花卉和蔬菜，从而有效控制各类害虫，如蚜虫、跳甲、甜菜夜蛾、美洲斑潜蝇、斜纹夜蛾等的为害。又如果园果实套袋，可以阻止多种食心虫在果实上产卵，防止病虫侵害水果。

此外，还可用温度控制、缺氧窒息、高频电流、超声波、激光、原子能辐射等物理防治技术防治病虫。

（二）农区统一灭鼠技术

1. 常见农业害鼠

最常见的主要农业害鼠有近30种。农业害鼠可以分为家栖鼠类和野栖鼠类，家栖鼠类主要有褐家鼠、小家鼠和黄胸鼠。其中，褐家鼠和小家鼠分布全国各地，黄胸鼠主要分布在我国南方各省。

2. 杀鼠剂种类

敌鼠钠盐、杀鼠灵、杀鼠迷、氯敌鼠、溴敌隆、大隆、杀它仗等。

3. 农区统一灭鼠技术

一是洞口外一次性饱和投饵：将毒饵投在距鼠洞口35厘

米鼠出入的道上。农田、荒地鼠每洞裸投 510 克。

二是农田毒饵站投饵：一般每亩农田设置毒饵站两个，每个毒饵站投毒饵 50～80 克。

三是农舍一律用毒饵站投饵，房前屋后各放一个，每个毒饵站投毒饵 50～80 克。

4. 毒饵站制作方法

PVC 管或竹筒毒饵站用口径为 56 厘米 PVC 管或竹子制成，在房舍区，竹筒毒饵站的长度可在 30 厘米左右，在农田的毒饵站在 45 厘米左右(不算用来遮雨的突出部分)。在室内放置毒饵站时，可将毒饵站直接放置在地而，用小石块稍作固定即可。在野外使用时，应将铁丝插入地下，地面与竹筒应留有 3 厘米左右的距离，以免雨水灌入。

5. 慢性杀鼠剂中毒的处理

经口毒物中毒的一般救治措施为，催吐、洗胃、灌服药用炭、导泻及综合对症治疗。抗凝血慢性杀鼠剂中毒时，一是对误食已有 1 天以上的患者，应测定血浆凝血酶原时间。若凝血酶原时间延长，应肌肉注射维生素 K_1，成人 5 毫克，儿童 1 毫克，24 小时后再测凝血酶原时间，再肌肉注射维生素 K_1，剂量同前。二是对出现症状并伴有低凝血酶原血症的患者，每日肌肉注射维生素 K_1，成人 25 毫克，儿童 0.6 毫克/千克体重，到出血症状停止。抗凝血杀鼠剂指敌鼠钠盐、氯敌鼠、杀鼠酮钠盐、杀鼠灵、杀鼠迷、溴敌隆、溴鼠灵等。由它们配制成的毒饵误食中毒都可用上述方法解毒。

注意：急性灭鼠药误食中毒，由于没有特效药解救，宜马上就医，并提供误食之原药。

二、生物防治法

生物防治法就是利用自然界中各种有益生物或有益生物的代谢产物来防治有害生物的方法。生物防治的优点是对人、畜、植物安全，不杀伤天敌及其他有益生物，一般不污染生态环境，往往对有害生物有长期的抑制作用，而且生物防治的自然资源比较丰富，使用成本比使用化学农药低。因此，生物防治是综合防治的重要组成部分。但是，生物防治也有局限性，如作用较缓慢，在有害生物大发生后常无法控制；使用时受气候和地域生态环境影响大，效果不稳定；多数天敌的选择性或专化性强，作用范围窄，控制的有害生物数量仍有限；人工开发周期长，技术要求高等。所以，生物防治必须与其他防治方法相结合。

（一）以虫治虫

以害虫作为食物的昆虫称为天敌昆虫。利用天敌昆虫来防治害虫，称为"以虫治虫"。天敌昆虫主要有捕食性和寄生性两大类型。

1. 捕食性天敌昆虫

专以其他昆虫或小动物为食物的昆虫，称为捕食性昆虫。分属于 18 个目近 200 个科，常见的捕食性天敌昆虫有蜻蜓、螳螂、猎蝽、刺蝽、花蝽、姬猎蝽、瓢虫、草蛉、步甲、食虫虻、食蚜蝇、胡蜂、泥蜂、蚂蚁等。这些天敌一般比被猎取的害虫大，捕获害虫后立即咬食虫体或刺吸害虫体液，捕食量大，在其生长过程中，能捕食几头至数十头，甚至数千头害虫，可以有效地控制害虫种群数量。例如，利用澳洲瓢虫与大红瓢虫防治柑橘吹绵介壳虫较为成功。一头草蛉幼虫，一天可以吃掉几十头甚至上百头蚜虫。

2. 寄生性天敌昆虫

这些天敌寄生在害虫体内，以害虫的体液或内部器官为食，导致害虫死亡。分属于 5 个目近 90 个科内，主要包括寄生蜂和寄生蝇，其虫体均比寄主虫体小，以幼虫期寄生于害虫的卵、幼虫及蛹内或体上，最后寄主害虫随天敌幼虫的发育而死亡。目前，我国利用寄生性天敌昆虫最成功的例子是：利用赤眼蜂寄生多种鳞翅目害虫的卵。

以虫治虫的主要途径有以下 3 个方面：①保护利用本地自然天敌昆虫。如合理用药，避免农药杀伤天敌昆虫；对于园圃修剪下来的有虫枝条，其中的害虫体内通常有天敌寄生，因此，应妥善处理这些枝条，将其放在天敌保护器中，使天敌能顺利羽化，飞向园圃等。②人工大量繁殖和释放天敌昆虫。目前，国际上有 130 余种天敌昆虫已经商品化生产，其中主要种类为赤眼蜂、丽蚜小蜂、草蛉、瓢虫、小花蝽、捕食螨等。③引进外地天敌昆虫。如早在 19 世纪 80 年代，美国从澳大利亚引进澳洲瓢虫(*Rodolia cardinalis*)，5 年后原来为害严重的吹绵蚧就得到了有效控制；1978 年我国从英国引进丽蚜小蜂(*Encarsia formosa* Gahan)防治温室白粉虱取得成功等。

(二)以菌治虫

以菌治虫，就是利用害虫的病原微生物及其代谢产物来防治害虫。该方法具有对人、畜、植物和水生动物无害，无残毒，不污染环境，不杀伤害虫的天敌，持效期长等优点，因此，特别适用于植物害虫的生物防治。

目前，生产上应用较多的是病原细菌、病原真菌和病原病毒三大类。我国利用的昆虫病原细菌主要是苏云金杆菌(Bt)，主要用于防治棉花、蔬菜、果树、水稻等作物上的多种鳞翅目害虫。目前，国内已成功地将苏云金杆菌的杀虫基因转入多种植物体内，培育成抗虫品种，如转基因的抗虫棉等。我国利用的病原真菌主要是白僵菌，可用于防治鳞翅目幼虫、叶蝉、飞虱等。目前，发现的昆虫病毒以核型多角体病毒(NPV)最多，其次为颗粒体病毒(GV)及质型多角体病毒(CPV)等。其中，应用于生产的有棉铃虫、茶毛虫和斜纹夜蛾核型多角体病毒，菜粉蝶和小菜蛾颗粒体病毒，松毛虫质型多角体病毒等。

近年来，在玉米螟生物防治中，还推广以卵寄生蜂(赤眼蜂)为媒介传播感染玉米螟的病毒，使初孵玉米螟幼虫罹病，诱导玉米螟种群罹发病毒病，达到控制目标害虫玉米螟为害的目的。被称为"生物导弹"防治玉米螟技术。

此外，某些放线菌产生的抗生素对昆虫和螨类有毒杀作用，这类抗生素称为杀虫素。常见的杀虫素有阿维菌素、多杀菌素等。例如，阿维菌素已经广泛应用于防治多种害虫和害螨。

（三）以菌治菌（病）

"以菌治菌（病）"是利用对植物无害或有益的微生物来影响或抑制病原物的生存和活动，减少病原物的数量，从而控制植物病害的发生与发展。有益微生物广泛存在于土壤、植物根围和叶围等自然环境中。应用较多的有益微生物如细菌中的放射土壤杆菌、荧光假单胞菌和枯草芽孢杆菌等，真菌中的哈茨木霉及放线菌（主要利用其产生的抗生素）等。如我国研制的井冈霉素是由吸水链霉菌井冈变种产生的水溶性抗生素，已经广泛应用于水稻纹枯病和麦类纹枯病的防治。

（四）其他有益生物的应用

在自然界，还有很多有益动物能有效地控制害虫。如蜘蛛和捕食螨同属于节肢动物门、蛛形纲，主要捕食昆虫，农田常见的有草间小黑蛛、八斑球腹蛛、拟水狼蛛、三突花蟹蛛等，主要捕食各种飞虱、叶蝉、螨类、蚜虫、蝗蝻、蝶蛾类卵和幼虫等。很多捕食性螨类是植食性螨类的重要天敌，重要科有植绥螨科、长须螨科。这两个科中有的种类如胡瓜钝绥螨、尼氏钝绥螨、拟长行钝绥螨已能人工饲养繁殖并释放于农田、果园和茶园。如以应用胡瓜钝绥螨为主的"以螨治螨"生物防治技术，1997 年以来已在全国 20 个省市的 500 余个县市的柑橘、棉花、茶叶等 12 种作物上应用，用以防治柑橘全爪螨、柑橘锈壁虱、柑橘始叶螨、二斑叶螨、截形叶螨、土耳其斯坦叶螨、山楂叶螨、苹果全爪螨、侧多食跗线螨、茶橙瘿螨、咖啡小爪螨、南京裂爪螨、竹裂螨、竹缺爪螨等害螨的为害，每年可减少农药使用量 40%～60%，防治成本仅为化学防治的 1/3，具有操作方便、省工省本、无毒、无公害的特点，成为各地受欢迎的一个优良的天敌品种。

两栖类动物中的青蛙、蟾蜍、雨蛙、树蛙等捕食多种农作物害虫，如直翅目、同翅目、半翅目、鞘翅目、鳞翅目害虫等。大多数鸟类捕食害虫，如家燕能捕食蚊、蝇、蝶、蛾等害虫。有些线虫可寄生地下害虫和钻蛀性害虫，如斯氏线虫和格氏线虫，用于防治玉米螟、地老虎、蛴螬、桑天牛等害虫。此外，多种禽类也是害虫的天敌，如稻田养鸭可控制稻田潜叶蝇、稻水象甲、二化螟、稻飞虱、中华稻蝗、稻纵卷叶螟等害虫。鸡可啄食茶树上的茶小绿叶蝉。

（五）昆虫性信息素在害虫防治中的应用

近年来，昆虫性信息素在害虫防治中的应用越来越广泛。昆虫性信息素是由同种昆虫的某一性别分泌于体外，能被同种异性个体的感受器所接受，并引起异性个体产生一定的行为反应或生理效应。多数昆虫种类由雌虫释放，以引诱雄虫。目前，全世界已鉴定和合成的昆虫性信息素及其类似物达 2000 余种，这些性信息素在结构上有较大的相似性，多数为长链不饱和醇、醋酸酯、醛或酮类。每只昆虫的性外激素含量极微，一般在 0.005～1 微克。甚至只有极少量挥发到空气中，就能把几十米、几百米甚至几千米以外的异性昆虫招引来，因此，可利用一些害虫对性外激素的敏感，采用性诱惑的方法设置诱捕器、诱芯来进一步诱杀大量的雄蛾，减少雄蛾与雌蛾的交配机会，因而对降低田间卵量、减少害虫的种群数量起到良好的作用。目前，已经应用在二化螟、小菜蛾、甜菜夜蛾和斜纹夜蛾的防治中，在农药的使用次数和使用量大幅度削减，降低农药残留的同时，虫害得到有效控制，保护了自然天敌和生物多样性。

三、化学防治法

(一)病害化学防治基础知识

植物由于遭受其他生物的侵染或不良环境条件的影响，使其不能正常生长发育甚至死亡，并对农业生产造成损失的现象，称为植物病害。植物病害分为两类：非侵染性病害(生理病害)和侵染性病害。

1. 非侵染性病害与侵染性病害

非侵染性病害：其发生是因为土壤、气候及栽培条件的不适而引起。如缺乏营养、水分失调、高温干旱、低温冷冻都可产生非侵染性病害。非侵染性病害往往成片发生，在镜检下不能发现病原物，也不会发生相互侵染。

侵染性病害：是由病原引起，病原物主要有五大类：真菌、细菌、病毒、线虫及寄生性种子植物。

真菌病原物占植物病害的80%左右，是最重要的病原物，其营养体为菌丝体，繁殖体大多为孢子。细菌为单细胞生物，绝大多数为异养或营腐生生活。植物病原菌都是杆状侵入，途径主要是通过伤口或自然气孔，不能通过角质层和表皮直接侵入。病毒是一类非细胞形的大分子，单个病毒粒子只有在电子显微镜下才能看清楚。病毒只能通过机械或昆虫介体造成的伤口侵入活的细胞。线虫是一类低等线形动物，几乎所有农作物都遭线虫为害，以土壤中的植物线虫为主。寄生性种子植物主要有列当和菟丝子。对于以上5类病原物的化学防治，真菌、细菌用杀虫剂；病毒因受蚜虫、蓟马及螨类的传播，在用杀菌剂的同时还要用杀虫剂；线虫用杀虫剂和杀菌剂；寄生性种子植物用除草剂。

2. 作物的病状与病症

作物病状类型：变色、坏死、腐烂、萎蔫、畸形。

作物病征类型：霉状物、粉状物、锈状物、粒状物、丝状物和脓状物。

根据以上症状和病征可诊断植物病害的类型：①真菌性病害：有霉状物，按其颜色分别有青霉、黑霉、灰霉和赤霉；有粉状物，通常为锈粉和白粉；有粒状物，在生病部位有褐色或黑褐色小颗粒；有丝状物为癌肿。②细菌性病害有脓状物，是细菌侵入后特有的症状。脓状物多为乳白色或黄白色，胶黏状。症状上表现为组织坏死，主要是叶斑或叶枯；腐烂，表现为块根块茎腐烂；畸形，由侵染维管束的细菌引起，一般是全株性的，常见的有瘿瘤、毛根。③病毒性病害主要是变色，以花叶和黄化最常见，坏死叶片上形成各种坏死斑；畸形、小叶、小果、缩根、肿瘤及矮化。④线虫病害主要表现为根腐、丛根、根生结节和全株枯萎、叶色变淡。

3. 杀菌剂的类型

针对不同类型的病害，要选择相应的杀菌剂及早防治。杀菌剂按其作用可分为 3 类：保护性杀菌剂、治疗型杀菌剂和免疫型杀菌剂。①保护性杀菌剂能够在病原菌侵入寄主植物前杀死或抑制病菌发展。②治疗型杀菌剂是指能够渗入或被植物吸收到体内，作用于侵入的病原物，使芽管或菌丝不能继续生长。这类杀菌剂具有内吸和传导作用，施在作物表面也有保护作用。③免疫型杀菌剂是一种施用后能够提高作物对病原菌抵抗能力的化学药剂。杀菌剂种类繁多，应该根据作物病害的类型，按照农药标签上所标注的适用作物和防治对象，选择高效经济的杀菌剂。

(二)草害化学防治基础知识

杂草是指非人们有意识栽培的草本植物。凡生长不得其所的植物体从栽培学的意义上讲都可称为杂草。杂草对农业生产的为害极大，它与作物争夺地面和空间，争夺水分、养分、光照，使作物生长发育不良，降低产量和品质。许多杂草还是作物病虫害的中间寄主，造成病虫害传播蔓延。有些杂草还直接威胁人畜健康及生命，如毒麦混入小麦磨成的面粉，人吃后引起中毒；豚草花粉引起呼吸道疾病等。因此，在作物生产过程中，要及时防除杂草。

（三）虫害化学防治知识

农作物在生长发育过程中，甚至在收获后农产品储藏期间，往往遭受多种有害生物的侵害，减少产量、降低品质。在有害生物中，绝大部分是昆虫。其中，与农业生产关系密切的有鳞翅目、鞘翅目、同翅目、半翅目、直翅目、膜翅目、双翅目、缨翅目和脉翅目9个。此外，蛛形纲蜱螨目中许多害螨也是重要的防治对象。

四、农作物检疫与农业防治法

（一）农作物检疫

我国加入WTO后，随着国际经济贸易活动不断深入，农作物检疫工作就显得越来越重要。农作物检疫是根据国家颁布的法令，设立专门机构，对国外输入和国内输出，以及国内地区之间调运的种子、苗木及农产品等进行检疫，禁止或限制危险性病、虫、杂草的传入和输出；或者在传入以后限制其传播，消灭其为害的措施。农作物检疫又称为法规防治，这是能从根本上杜绝危险性病、虫、杂草的来源和传播，最能体现贯彻"预防为主，综合防治"植保工作方针的一项重要措施。农作物检疫为一综合的管理体系，涉及法律规范、国际贸易、行政管理、技术保障和信息管理等诸多方面。

农作物检疫可分为对内检疫和对外检疫。对内检疫（国内检疫）是国内各级检疫机关，会同交通、运输、邮电、供销及其他有关部门，根据检疫条例，防止和消灭通过地区间的物资交换，调运种子、苗木及其他农产品而传播的危险性病、虫及杂草。我国对内检疫主要以产地检疫为主、道路检疫为辅。对外检疫(国际检疫)是国家在对外港口、国际机场及国际交通要道设立检疫机构,对进出口的植物及其产品进行检疫处理。防止国家新的或在国内还是局部发生的危险性病、虫及杂草的输入;同时也防止国内某些危险性的病、虫及杂草的输出。对内检疫是对外检疫的基础,对外检疫是对内检疫的保障。

在农作物检疫工作中,凡是被列入农作物检疫对象的,都是危险性的有害生物,它们的共同特点是:①国内或当地尚未发现或局部已发生而正在消灭的。②繁殖力强,适应性广,一旦传入对作物危害性大,经济损失严重,难以根除。③可人为随种子、苗木、农产品及包装物等运输,作远距离传播的。例如,地中海实蝇、水稻细菌性条斑病、毒麦和红火蚁等都是当前重要的农作物检疫对象,在疫区都给农林业生产带来了严重灾难。因此,在人员和商品流量大,植物繁殖材料调动频繁的情况下,强化农业农作物检疫执法工作的力度,对杜绝外来有害生物入侵,发展出口创汇农业生产,实现农业生产可持续发展,保护生产者利益,促进农民增收具有重大的意义。

(二)农业防治法

农业防治法就是通过改进栽培技术措施,使环境条件不利于病虫害的发生,而有利于植物的生长发育,直接或间接地消灭或抑制植物病虫害的发生与为害。这种方法是最经济、最基本的防治方法,其最大优点是不需要过多的额外投入,且易与其他措施相配套,而且预防作用强,可以长久控制植物病虫害,它是综合防治的基础。其局限性有防治效果比较慢,对暴发性病虫的为害不能迅速控制,而且地域性、季节性较强等。

农业防治的主要措施如下:

1. 选用抗病虫品种

培育和推广抗病虫品种是最经济有效的防治措施。目前我国在水稻、小麦、玉米、棉花、烟草等作物上已培育出一大批具有抗性的优良品种,随着现代生物技术的发展,利用基因工程等新技术培育抗性品种，将会在今后的有害生物综合治理中发挥更大作用。在抗病虫品种的利用上，要防止抗性品种的单一化种植，注意抗性品种轮换，合理布局具有不同抗性基因的品种，同时配以其他综合防治措施，提高利用抗病虫品种的效果，充分发挥作物自身对病虫害的调控作用。例如，通过不断培育和推广抗病虫品种，有效控制了常发的和难以防治的病虫害，如锈病、白粉病、病毒病、稻瘟病和吸浆虫等，抗病虫品种已在生产中起了很大作用。

2. 改革耕作制度

实行合理的轮作倒茬可以恶化病虫发生的环境，例如在四川推广以春茄子、中稻和秋花椰菜为主的"菜—稻—菜"水旱轮作种植模式，大大减轻了一些土传病害（如茄子黄萎病）、地下害虫和水稻病虫的为害；正确的间作、套作有助于天敌的生存繁衍或直接减少害虫的发生，如麦棉套种，可减少前期棉蚜迁入，麦收后又能增加棉株上的瓢虫数量，减轻棉蚜为害；合理调整作物布局可以造成病虫的病害循环或年生活史中某一段时间的寄主或食料缺乏，达到减轻为害的目的，这在水稻螟虫等害虫的控制中有重要作用。

3. 加强田间管理

综合运用各种农业技术措施，加强田间管理，有助于防治各种植物病虫害。一般而言，种植密度大，田间荫蔽，就会影响通风透光，导致湿度大，植物木质化速度慢，从而加重大多数高湿性病害和喜阴好湿性害虫的发生危害。因而合理密植不仅能使作物群体生长健壮整齐，提高对病虫的抵抗力；同时也使植株间通风透气好，湿度降低，有利于抑制纹枯病、菌核病和稻飞虱等病虫害的发生。科学管水，控制田间湿度，防止作物生长过嫩过绿，可以减轻多种病虫的发生。如稻田春耕灌水，可以杀死稻桩内越冬的螟虫；稻田适时排水晒田，可有效地控制稻瘿蚊、稻飞虱和水稻纹枯病等病虫的发生。连栋塑料温室可以利用风扇定时排湿，尽量减少作物表面结露，从而抑制病害发生。一般来说，氮肥过多，植物生长嫩绿，分支分蘖多，有利于大多数病虫的发生为害。而采用测土配方施肥技术，肥料元素养分齐全、均衡，适合作物生长需求，作物抗病虫害能力明显增强，可显著地减轻蚜虫、稻瘟病、纹枯病和枯萎病等病虫害的发生，控制病虫害发病率，从而有利于控制化肥、农药的使用量，减少农作物有害成分的残留，保护农田生态环境。健康栽培措施是通过农事操作，清除农田内的有害生物及其滋生场所，改善农田生态环境，保持田园卫生，减少有害生物的发生危害。通过健康栽培措施，既可使植物生长健壮，又可以防止或减轻病虫害发生。主要措施：植物的间苗、打杈、摘顶，清除田间的枯枝落叶、落果等各种植物残余物。例如，油菜开花期后，适时摘除病、老、黄叶，带出田外集中处理，有利于防治油菜菌核病。

田间杂草往往是病虫害的野生过渡寄主或越冬场所，清除杂草可以减少植物病虫害的侵染源。综上所述，健康的栽培措施已成为一项有效的病虫害防治措施。此外，加强田间管理的措施还有改进播种技术、采用组培脱毒育苗、翻土培土、嫁接防病和安全收获等。

模块四 农作物病虫草害识别及防治

第一节 小麦主要病虫害识别与防治

一、小麦锈病

小麦锈病分为 3 种，即条锈病、叶锈病和秆锈病，俗称"黄疸病"，是我国小麦生产中的重要病害，其中以小麦条锈病发生最为普遍。主要分布于我国西北、西南、华北、黄淮及长江中上游小麦产区。由于其具有大区流行特性，对小麦生产威胁很大，严重时可减产 $50\%\sim70\%$。

1. 症状特征

3 种锈病的区别可用"条锈成行叶锈乱，秆锈是个大红斑"来概括。

(1)条锈病。主要为害叶片(见图 4-1 和图 4-2)，也可危害叶鞘、茎秆、穗部。夏孢子堆为小长条状，鲜黄色，椭圆形，在叶片上与叶脉平行排列，呈虚线状。

图 4-1 小麦条锈病叶片危害症状　　图 4-2 小麦条锈病田间危害症状

(2)叶锈病。主要危害叶片(见图 4-3),叶鞘和茎秆上少见。夏孢子堆圆形至长椭圆形,橘红色,在叶片上不规则散生,一般不穿透叶片,背面的病斑较正面的小。

(3)秆锈病。主要为害茎秆(见图 4-4)和叶鞘,也可为害叶片和穗部。夏孢子堆较大,长椭圆形,深褐色或黄褐色,不规则散生,病斑穿透叶片的能力较强,同一侵染点在正反面都可出现,而且叶背面较正面大。

图 4-3 小麦叶锈病叶片危害症状   图 4-4 小麦秆锈病茎秆危害症状

2. 防治措施

(1)农业防治。①种植抗病品种;②适期播种,适当晚播,可减轻秋苗期条锈病的发生;③小麦收获后及时翻耕灭茬,清除自生麦苗。

(2)药剂防治。①种子处理:用 25%三唑酮可湿性粉剂 120 克,或 12.5%烯唑醇可湿性粉剂 100～160 克拌种 100 千克,拌匀后闷 1～2 小时再播种。②大田喷雾:大田病叶率达到 0.5%时,每亩可用 12.5%烯唑醇可湿性粉剂 30～50 克或 25%三唑酮可湿性粉剂 50～80 克喷雾防治。重病田要进行二次喷雾。

二、小麦白粉病

小麦白粉病是一种世界性病害，在各主要产麦国均有分布，我国山东沿海、四川、贵州、云南发生普遍，危害也重。近年来该病在东北、华北、西北麦区，亦有日趋严重之势。一般可造成减产10%，严重的可达50%。

1. 症状特征

该病可侵害小麦植株地上部各器官，但以叶片和叶鞘为主，发病重时颖壳和芒也可受害。初发病时，叶面出现1~2毫米的白色霉点，后逐渐扩大为近圆形至椭圆形白色霉斑，霉斑表面有一层白粉状霉层，遇外力或振动立即飞散。后期病部霉层变为灰白色至浅褐色，病斑上散生有针头大小的黑色小粒点（见图4-5）。

图4-5　小麦白粉病发病症状

2. 防治措施

(1)农业防治。①种植抗病品种；②中国南方麦区雨后及时排水，防止湿气滞留；北方麦区适时浇水，使寄主增强抗病力；③冬小麦秋播前要及时清除掉自生麦。

(2)药剂防治。①种子处理：用25%三唑酮可湿性粉剂120克拌种100千克，拌匀后闷1~2小时再播种；用2.5%咯菌腈悬浮种衣剂100~200毫升＋3%苯醚甲环唑悬浮种衣剂

300 毫升，兑水 1500 毫升，拌种 100 千克，并堆闷 3 小时。此法可兼治黑穗病、条锈病、根腐病和纹枯病；②大田喷雾：大田病叶率达到 10% 时，每亩可用 12.5% 烯唑醇可湿性粉剂 30～50 克或 25% 三唑酮可湿性粉剂 50～80 克喷雾防治。

三、小麦纹枯病

小麦纹枯病属土传性病害，广泛分布于我国各小麦主产区，尤以江苏、安徽、山东、河南、陕西、湖北及四川等省麦区发生普遍。一般可造成减产 10%，严重的达 30%～40%。

1. 症状特征

小麦各生育阶段都可受害，症状不同，主要侵染叶鞘和茎秆。小麦发芽后芽鞘变褐，严重时烂芽枯死。幼苗多在 3～4 叶期显症，叶鞘病斑边缘褐色，中部灰色，梭形或椭圆形，病株叶色枯黄，重病苗枯死。拔节后植株基部叶鞘病斑为中间灰白色，边缘浅褐色的云纹状斑，病斑扩大连片形成花秆，甚至烂茎。茎壁因此失水坏死，最后病株因养分、水分供应不足而枯死，形成枯株白穗（见图 4-6）。

图 4-6　小麦纹枯病为害状

2. 防治措施

(1)农业防治。①合理施肥，增施经高温腐熟的有机肥，不要偏施、过施氮肥，控制小麦旺长；②适期晚播，合理密植；③适当降低播种量，防止田间郁闭，避免倒伏；④合理浇水，雨后及时排水。

(2)药剂防治。①种子处理：每 100 千克种子用 6％戊唑醇悬浮种衣剂 50～70 毫升，或用 2.5％咯菌腈悬浮种衣剂 100～200 毫升兑水 1000～1500 毫升混成均一药液，将药液倒在种子上，边倒边搅拌直至药液均匀附着在种子表面，或用专业包衣机进行种子包衣。②大田喷雾：小麦分蘖末期，病株率达 10％～15％时，每亩用 20％井冈霉素可湿性粉剂 30 克，或 12.5％烯唑醇可湿性粉剂 32～64 克，或 30％苯甲·丙环唑乳油 20～30 毫升喷雾防治。

四、小麦赤霉病

小麦赤霉病是一种典型的气候性病害，又称"红麦头"。在全国各地都有分布，以长江中下游冬麦区和东北春麦区发生最重，长江上游冬麦区和华南冬麦区常有发生，近年来又成为江淮和黄淮冬麦区的常发病害。一般减产 10％～20％，大流行年份减产 50％，甚至绝收。

1. 症状特征

小麦生长的各个阶段均能受害，以穗部为主。病菌最先侵染部位是花药，其次为颖片内侧壁。通常一个麦穗的小穗先发病，然后迅速扩展到穗轴，进而使其上部其他小穗迅速失水枯死而不能结实。表现症状为：侵染初期在小穗和颖片上产生水浸状浅褐色斑，渐扩大至整个小穗，小穗枯黄。湿度大时，病斑处产生粉红色霉层，空气干燥时病部和病部以上枯死，形成白穗，不产生霉层，后期其上产生密集的蓝黑色小颗粒(见图 4-7)。

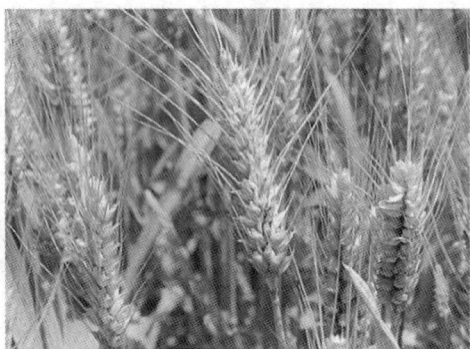

图 4-7　小麦赤霉病为害穗部出现粉红色霉层

2. 防治措施

(1) 农业防治。①选用抗病品种。应选用穗形细长、小穗排列稀疏、抽穗扬花整齐集中、花期短、残留花药少、耐湿性强的品种；②做好栽培避害。做到田间沟沟通畅，增施磷钾肥，促进植株健壮，防止倒伏早衰。

(2) 药剂防治。在 10% 的小麦抽穗至扬花初期，每亩用 50% 多菌灵可湿性粉剂 80 克，或 25% 氰烯菌酯悬浮剂 100 ~ 150 毫升喷雾防治，视病情 5 ~ 7 天后再防治一次。

五、小麦全蚀病

小麦全蚀病在许多麦区均有发生。小麦感病后，分蘖减少，成穗率低，千粒重下降。发病越早，减产幅度越大。拔节前显病的植株，往往早期枯死；拔节期显病植株，减产 50% 左右；灌浆期显病的植株减产 20% 以上。

1. 症状特征

全蚀病是一种根部病害，只侵染麦根和茎基部 1 ~ 2 节。小麦抽穗后茎基部变黑，腐烂加重，呈"黑脚"状，叶鞘易剥落，内生灰黑色菌丝层，后期产生黑点状突起。由于受土壤菌量和根部受害程度的影响，田间症状显现期不一。

(1)分蘖期。地上部无明显症状，仅重病植株表现稍矮，基部出现黄叶。冲洗麦根可见种子根与地下茎变灰黑色。

(2)拔节期。病株返青迟缓、黄叶多，拔节后期重病株矮化、稀疏，叶片自下向上变黄，似干旱、缺肥。拔起可见植株种子根、次生根大部分变黑。横剖病根，根轴变黑。在茎基部表面和叶鞘内侧，生有较明显的灰黑色菌丝层。

图 4-8　小麦全蚀病危害症状

(3)抽穗灌浆期。病株成簇或点片出现早枯白穗，在潮湿麦田中，茎基部表面布满条点状黑斑，形成"黑脚"(见图 4-8)。

2. 防治措施

(1)农业防治。①种植抗耐病品种。②轮作倒茬。实行稻麦轮作，或与棉花、烟草、蔬菜等经济作物轮作，也可改种大豆、油菜、马铃薯等。

(2)药剂防治。①土壤处理：播种前选用 70% 甲基硫菌灵可湿性粉剂按每亩 2～3 千克加细土 20～30 千克，均匀施入播种沟中进行土壤处理。②种子处理：每 100 千克种子用 2.5% 咯菌腈悬浮种衣剂 100～200 毫升，或 3% 苯醚甲环唑悬浮种衣剂 300 毫升，兑水 1000 毫升混成均一药液，将药液倒在种子上，边倒边搅拌，直至药液均匀附着在种子表面，或用专业包衣机进行种子包衣。

六、小麦地下害虫

危害小麦的地下害虫主要有蝼蛄、蛴螬、金针虫 3 种，主要发生在小麦秋苗期和返青后至灌浆期。

1. 危害特征

从播种开始直到翌年小麦乳熟期，蝼蛄（见图 4-9）为害小麦。在秋季为害小麦幼苗，以成虫或若虫咬食发芽种子和幼根嫩茎，扒成乱麻状或丝状，使幼苗生长不良甚至枯死，并在土表穿行活动而造成隧道，使根土分离而缺苗断垄。

蛴螬（见图 4-10）幼虫为害麦苗地下分蘖节处，咬断根茎使苗枯死。

图 4-9　蝼蛄

图 4-10　蛴螬

金针虫以幼虫咬食发芽种子和根茎，可钻入种子或根茎相交处，被害处不整齐呈乱麻状，形成枯心苗以致全株枯死（见图 4-11）。

图 4-11　金针虫危害小麦根部

2. 防治措施

（1）农业防治。①深翻土地，精耕细作，可有效压低虫口密度 15％～30％。②采用合理耕作制度，适时调整茬口，进行轮作，有条件的可实行水旱轮作。③尽量施用腐熟有机肥，以减少蝼蛄、蛴螬害虫。

（2）药剂防治。①种子处理：每 100 千克种子用 40％辛硫磷乳油 100 毫升，兑适量水混成均一药液，将药液喷在种子上，边喷边翻拌直至混合均匀。②药液灌根：枯心苗率达 3％时，用 40％辛硫磷乳油 800 倍液灌根。

七、小麦蚜虫

小麦蚜虫分布极广，几乎遍及世界各小麦产区。我国危害小麦的蚜虫有多种，通常以麦长管蚜和麦二叉蚜发生数量最多，危害最重。一般麦长管蚜无论南北方密度均相当大，但北方发生更重；麦二叉蚜主要发生于长江以北各省份。

1. 危害特征

小麦自秋苗开始，直至收获，均有麦蚜危害，其中以穗期种群数量最大，是危害的关键期。若遇小麦穗期温度高，降雨少，穗期蚜虫增殖迅速，群聚刺吸叶片汁液或在叶片表面产生蜜露，麦苗被害后，叶片枯黄，生长停滞，分蘖减少；后期麦株受害后，叶片发黄，麦粒不饱满，严重时麦穗枯白，不能结实，甚至整株枯死（见图 4-12）。

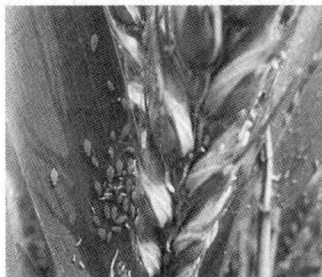

图 4-12　小麦蚜虫危害麦穗状

2. 防治措施

(1)农业防治。①合理布局。冬、春麦混种区尽量使秋季作物单一化，尽可能为玉米或谷子等。②冬麦适当晚播，清除田内外杂草，实行冬灌。

(2)药剂防治。①种子处理：每100千克种子用600克/升吡虫啉悬浮种衣剂200毫升，兑水1000毫升混成均一药液，将药液倒在种子上，边倒边搅拌，直至药液均匀附着在种子表面，或用专业包衣机进行种子包衣。②大田喷雾：百穗有蚜500头时，每亩用20%丁硫克百威乳油30～40毫升或22%噻虫·高氯氟微囊悬浮剂10～15毫升，或2.5%高效氯氟氰菊酯乳油20～24毫升，兑水均匀喷雾。

(3)生物防治。保护利用天敌。麦田中麦蚜的天敌种类较多，主要有瓢虫、食蚜蝇、草蛉、蜘蛛、蚜茧蜂等。当益害比达到1∶80或僵蚜(见图4-13)率达到30%时，应以利用天敌为主，不用或少用化学农药，尽可能避免在治蚜时杀伤天敌。

图4-13　蚜茧蜂寄生麦蚜形成僵蚜

八、麦蜘蛛

麦蜘蛛的发生主要分布于山东、山西、江苏、安徽、河南、四川、陕西等地。常见的麦蜘蛛主要有两种：麦长腿蜘蛛和麦圆蜘蛛。

1. 危害特征

两种麦蜘蛛于春、秋两季吸取麦株汁液，被害麦叶先呈白斑，后变黄，轻则影响小麦生长，造成植株矮小，穗少粒轻，重则整株干枯死亡(见图4-14)。

图4-14　麦圆蜘蛛田间危害状

麦蜘蛛在连作麦田以及靠近杂草较多的地块发生危害严重。水旱轮作和收麦后深翻的地块发生轻。麦长腿蜘蛛的适温为15～20℃，适宜湿度在50%以下，所以秋雨少，春暖干旱，以及在壤土、黏土麦田发生重。麦圆蜘蛛的适温为8～15℃，适宜湿度为80%以上。因此，秋雨多，春季阴凉多雨，以及砂壤土麦田易发生严重。

2. 防治措施

(1)农业防治。采用轮作倒茬，合理灌溉，麦收后深耕灭茬等降低虫源。

(2)药剂防治。单行600头/米时，每亩用15%哒螨灵乳油15～20毫升或1.8%阿维菌素乳油15～20毫升，兑水均匀喷雾。

九、小麦吸浆虫

小麦吸浆虫为世界性害虫，广泛分布于全国主要小麦产区。我国的小麦吸浆虫主要有两种，即红吸浆虫和黄吸浆虫。

1. 危害特征

以幼虫潜伏在颖壳内吸食正在灌浆的麦粒汁液，造成秕粒、空壳(见图 4-15、图 4-16 和图 4-17)。

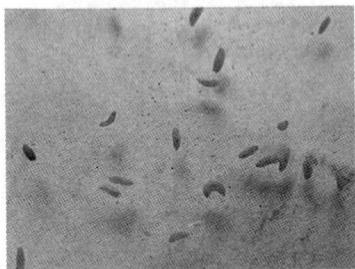

图 4-15　小麦吸浆虫幼虫

图 4-16　小麦吸浆虫危害的麦粒与健康麦粒的比较

图 4-17　小麦吸浆虫危害的麦穗

2. 防治措施

(1)农业防治。①选用抗虫品种。选择穗形紧密，内外颖毛长而密，麦粒皮厚，浆液不易外流的小麦品种。②轮作倒茬。与油菜、豆类、棉花和水稻等作物轮作，压低虫口数量。在小麦吸浆虫严重田及其周围，可实行棉麦间作或改种油菜、大蒜等作物。

（2）药剂防治。①返青至抽穗前，羽化出土时每个样方（10厘米×10厘米×20厘米）5头时，每亩用40%毒死蜱乳油200～250毫升或35%硫丹乳油200～250毫升，拌20千克细土，拌匀，撒施。②穗期，网捕（10复次）10～25头时，每亩用36%啶虫脒水分散粒剂25克或4.5%高效氯氰菊酯乳油15毫升，兑水均匀喷雾。

第二节　玉米主要病虫害识别与防治

一、玉米大（小）斑病

玉米大（小）斑病是玉米上的重要叶部病害。一般造成减产15%～20%，发生严重年份，减产达50%。

1. 症状特征

玉米大斑病又称条斑病、煤纹病、枯叶病、叶斑病等。主要危害玉米的叶片、叶鞘和苞叶，下部叶片先发病。叶片染病后先出现水渍状青灰色斑点，然后沿叶脉向两端扩展，形成边缘暗褐色、中央淡褐色或青灰色的大斑。后期病斑常纵裂，严重时病斑融合，叶片变黄枯死。潮湿时病斑上有大量灰黑色霉层（见图4-18）。

玉米小斑病又称玉米斑点病。常和大斑病同时出现或混合侵染。除危害叶片、苞叶和叶鞘外，对雌穗和茎秆的致病力也比大斑病强，可造成果穗腐烂和茎秆断折，发病比大斑病稍早。初为水浸状，后变为黄褐色或红褐色，边缘颜色较深，椭圆形、圆形或长圆形，大小（5～10）毫米×（3～4）毫米，病斑密集时常连接成片，形成较大的枯斑（见图4-19）。

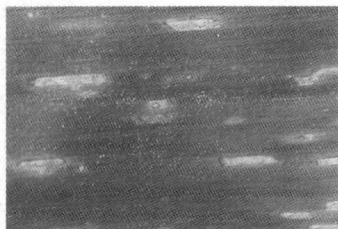

图 4-18　玉米大斑病危害叶片症状　　图 4-19　玉米小斑病危害叶片症状

2. 防治措施

(1)农业防治。①种植抗病品种；②玉米收获后，彻底清除田间病残株；③土壤深耕高温沤肥，杀灭病菌；④施足底肥，增加磷肥，重施喇叭口肥，及时中耕灌水。

(2)药剂防治。玉米抽雄前后，当田间病株率达 70%、病叶率达 20% 时，每亩用 30% 苯甲·丙环唑乳油 15 毫升，或 25% 吡唑醚菌酯乳油 30 毫升，或 45% 代森铵水剂 40 毫升，兑水均匀喷雾。

二、玉米丝黑穗病

玉米丝黑穗病又称乌米、哑玉米，在华北、东北、华中、西南、华南和西北地区普遍发生。以北方春玉米区、西南丘陵山地玉米区和西北玉米区发病较重。一般年份发病率在 2%～8%，个别地块达 60%～70%。

1. 症状特征

玉米丝黑穗病是幼苗侵染的系统性病害，其症状有时在生长前期就有表现，但典型症状一般到穗期出现，绝大多数雌穗和雄穗都受害，仅少数发病迟的雌穗受害而雄穗正常。雄性花器感病后变形，雄花基部膨大，内为一包黑粉，不能形成雄穗(见图 4-20)。雌穗受害果穗变短，基部粗大，除苞叶外，整个果穗为一包黑粉和散乱的丝状物(见图 4-21)。

2. 防治措施

(1)农业防治。①选择抗病品种；②精细整地，适当浅播，足墒下种，提高植株的抗病能力；③采用地膜覆盖技术，地膜覆盖可提高地温，保持土壤水分，使玉米出苗和生育加快，从而减少发病机会；④拔除病株和摘除病瘤。

(2)药剂防治。种子处理：每 100 千克种子用 3% 苯醚甲环唑悬浮种衣剂 400 毫升或 6% 戊唑醇悬浮种衣剂 200 毫升，兑水 1000 毫升混成均一药液，将药液倒在种子上，边倒边搅拌直至药液均匀附着在种子表面。

图 4-20 玉米丝黑穗病雄穗黑穗型

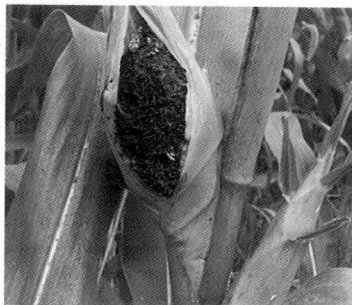

图 4-21 玉米丝黑穗病雌穗黑穗型

三、玉米粗缩病

玉米粗缩病是由灰飞虱传播玉米粗缩病毒（MRDV）引起的一种病毒病，是我国北方玉米生产区流行的主要病害。

1. 症状特征

玉米整个生育期都可感染发病，以苗期受害最重，5～6 片叶即可显症，开始在心叶基部及中脉两侧产生透明的油浸状褪绿虚线条点，逐渐扩及整个叶片。病苗浓绿，叶片僵直，宽短而厚，心叶不能正常展开，病株生长迟缓、矮化，叶色浓绿，节间粗短。至 9～10 叶期，病株矮化现象更为明显，上部节间短缩粗肿，顶部叶片簇生，病株高度不到健株一半，多数不能抽穗结实，个别雄穗虽能抽出，但分枝极少，没有花粉。果穗畸形，花丝极少，植株严重矮化，雄穗退化，雌穗畸形，严重时不能结实(见图 4-22)。

图 4-22　玉米粗缩病危害症状

2. 防治措施

(1)农业防治。①选种抗、耐病品种；②清除田边、沟边杂草，精耕细作，以减少虫源；③适当调整玉米播期，使玉米苗期错过灰飞虱的传毒盛期；④加强田间管理，及时追肥浇水，提高植株抗病力；⑤结合间苗定苗，及时拔除病株，以减少病株和毒源，发病率重地块及早改种豆科作物或甜玉米、精玉米等。

(2)药剂防治。①种子处理：用内吸杀虫剂对玉米种子进行包衣和拌种，可以有效防治苗期灰飞虱，减轻粗缩病的传播。每 100 千克玉米种子用 70%噻虫嗪种子处理可分散粉剂 200 克，兑水 1000 毫升充分搅拌溶解后，均匀包衣。②大田喷雾：防治灰飞虱，每亩用 10%吡虫啉可湿性粉剂 15 克，兑水均匀喷雾，或用 4.5%高效氯氰菊酯乳油 30 毫升或 48%毒死蜱乳油 60～80 毫升，兑水均匀喷雾；防治粗缩病可每亩用 5%氨基寡糖素 75～100 毫升喷雾防治。

四、玉米地下害虫

1. 危害特征

玉米地下害虫主要包括蛴螬、蝼蛄、地老虎、金针虫等。地下害虫咬食玉米种子、幼芽和根系,造成玉米缺苗断垄,一般缺苗10%以上,甚至全田毁苗,对玉米产量影响很大(见图4-23～图4-26)。

图4-23 危害玉米的地下害虫——地老虎

图4-24 被地老虎危害的玉米苗

图4-25 危害玉米的地下害虫——金针虫

图4-26 被金针虫危害的玉米幼茎

2. 防治措施

(1)农业防治。及时清除玉米苗基部麦秸、杂草等覆盖物,消除其发生的有利环境条件。一定要把覆盖在玉米垄中的麦糠、麦秸全部清除到远离植株的玉米大行间并裸露出地面。

(2)药剂防治。种子处理:每100千克种子用70%吡虫啉水分散粒剂100～200克或70%噻虫嗪种子处理可分散粉剂100～200克,兑水1000毫升混成均一药液,将药液倒在种子上,边倒边搅拌直至药液均匀附着在种子表面。可兼治蚜虫、灰飞虱。

五、玉米螟

玉米螟是危害玉米的主要害虫，严重影响玉米的产量和品质。主要分布于东北、河北、河南、四川、广西等地。各地的春、夏、秋播玉米都不同程度受害，尤以夏播玉米最严重。一般年份减产 5%～10%，严重的减产 10%～30%。

1. 危害特征

玉米螟在玉米心叶期以幼虫取食叶肉或蛀食未展开的心叶，造成"花叶"（见图 4-27）；玉米抽穗后钻蛀茎秆，使雌穗发育受阻而减产，蛀孔处易折断；幼虫在穗期直接蛀食雌穗、嫩粒，造成籽粒缺损、霉烂，降低品质和产量（见图 4-28）。

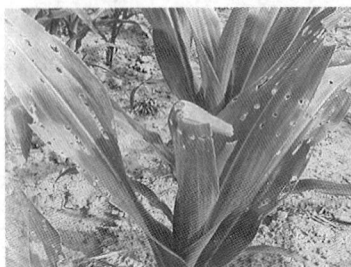

图 4-27　玉米螟危害心叶状　　图 4-28　玉米螟幼虫危害穗状

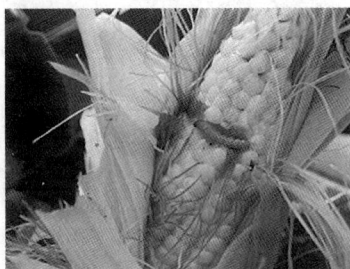

2. 防治措施

（1）农业防治。玉米螟幼虫大多数在玉米秆、玉米穗轴芯中越冬，春季化蛹。所以，采取秸秆还田、沤肥或作饲料，力争在 4 月底前就地将玉米秸秆处理掉，可有效降低虫口密度，减轻田间危害。

（2）药剂防治。①心叶期田间被害株率 10% 以上时，每亩用 3% 辛硫磷颗粒剂 250 克加细砂 5 千克施于心叶内防治；穗期虫株率 10% 时，可用 90% 美曲膦酯（敌百虫）晶体 800 倍液滴灌果穗。②每亩用 200 克/升氯虫苯甲酰胺悬浮剂 15 毫升或 40％氯虫·噻虫嗪水分散性颗粒剂 10 毫升，兑水均匀喷雾，或每亩用 Bt 乳剂 200 毫升喷雾防治。

(3)生物防治。可选择赤眼蜂防治，于玉米螟产卵期释放赤眼蜂 2～3 次。

六、黏虫

玉米黏虫是玉米作物上常见的主要害虫之一，又名行军虫，一年可发生三代，以第二代危害夏玉米为主。

1. 危害特征

主要以幼虫咬食叶片。1～2 龄幼虫取食叶片造成孔洞，3 龄以上幼虫危害叶片后呈现不规则的缺刻，暴食时，短期内可吃光叶片，只剩叶脉，造成严重减产，甚至绝收。当一块玉米田被吃光，幼虫常成群列纵队迁到另一块田为害，故又名"行军虫"(见图 4-29 和图 4-30)。一般地势低、玉米植株高矮不齐、杂草丛生的田块受害重。

图 4-29 黏虫危害玉米植株症状　图 4-30 黏虫田间危害症状

2. 防治措施

(1)农业防治。硬茬播种的田块，待玉米出苗后要及时浅耕灭茬，及时进行田间地头的化学除草，破坏玉米黏虫的栖息环境,降低虫源。

(2)药剂防治。①毒饵诱杀:每亩用90%美曲膦酯(敌百虫)晶体100克兑适量水,拌在1.5千克炒香的麸皮上制成毒饵,于傍晚时分顺着玉米行撒施,进行诱杀。②叶面喷雾:幼虫2龄前,每亩用2.5%氯氟氰菊酯乳油,或48%毒死蜱乳油15~20毫升,或4.5%高效氯氰菊酯乳油20~30毫升,或灭幼脲3号50毫升兑水均匀喷雾。③撒施毒土:每亩用40%辛硫磷乳油75~100毫升适量加水,拌砂土40~50千克扬撒于玉米心叶内,既可保护天敌,又可兼防玉米螟。

(3)生物防治。利用寄生蜂、寄生蝇等天敌。

七、二点委夜蛾

二点委夜蛾是我国夏玉米区新发生的害虫,往往被误认为是地老虎危害。该害虫随着幼虫龄期的增长,食量不断加大,发生范围也将进一步扩大,如不能及时控制,将会严重威胁玉米生产。

1.危害特征

幼虫一般躲在玉米幼苗周围的碎麦秸下或2~5厘米的表土层危害玉米苗。受危害轻者玉米植株倾斜,重者造成缺苗断垄,甚至毁种。玉米幼苗3~5叶期,幼虫主要咬食玉米茎基部,形成3~4毫米圆形或椭圆形孔洞,切断营养输送,造成玉米心叶萎蔫枯死;玉米8~10叶期,幼虫主要咬断玉米根部,包括气生根和主根,造成玉米倒伏,严重者枯死。危害夏玉米时,1头幼虫咬死植株后,可再连续危害5~8株,具有转株和转行的危害习性(见图4-31~图4-33)。

图 4-31　二点委夜蛾成虫

图 4-32　二点委夜蛾幼虫

图 4-33　二点委夜蛾蛀食玉米茎基部形成孔洞

2. 防治措施

（1）农业防治。①麦收后播种前使用灭茬机或浅旋耕灭茬后再播种玉米，即可有效减轻二点委夜蛾危害，也可提高玉米的播种质量，苗齐苗壮。②及时人工除草和化学除草，清除麦茬和麦秆残留物，减少利于害虫滋生的环境条件。③提高播种质量，培育壮苗，提高抗病虫能力。

（2）药剂防治。幼虫 3 龄前防治，最佳时期为出苗前（播种前后均可）。①撒毒饵：每亩用 4～5 千克炒香的麦麸或粉碎后炒香的棉籽饼，与 48% 毒死蜱乳油 500 毫升拌成毒饵，在傍晚顺垄撒在玉米苗边。②撒毒土：每亩用 80% 敌敌畏乳油 300～500 毫升拌 25 千克细土，早晨顺垄撒在玉米苗边，防效较好。③大田喷灌：可以将喷头拧下，逐株顺茎滴药液，或用直喷头喷根茎部，药剂可选用 48% 毒死蜱乳油 1500 倍液、30% 乙酰甲胺磷乳油 1000 倍液、2.5% 高效氯氟氰菊酯乳油

2500 倍液或 4.5%高效氯氰菊酯 1000 倍液等。药液量要保证可以渗到玉米根周围 30 厘米左右的害虫藏匿处。

第三节　水稻主要病虫害识别与防治

一、稻瘟病

稻瘟病又名稻热病，俗称火烧瘟、吊头瘟、掐颈瘟等。在各稻区都有发生，山区、半山区及沿海稻区发生普遍。流行年份一般减产 10%～20%，严重的可达 40%～50%。

1. 症状特征

根据危害时期和部位不同，可分为苗瘟、叶瘟、节瘟、穗颈瘟和谷粒瘟。

(1)苗瘟(见图 4-34)。秧苗 3 叶期前发病，主要由种子带菌所引起，病苗基部灰黑色，上部变褐，卷缩枯死。病部产生大量灰色霉层。

(2)叶瘟(见图 4-35)。秧苗 3 叶期后至穗期均可发生，分蘖期至拔节期盛发。

图 4-34　苗瘟田间危害症状　　图 4-35　叶瘟危害水稻叶片症状

病斑常因天气条件的影响和品种抗病性的差异，分为 4 种类型。

普通型(慢性型)：为最常见的症状。病斑梭形，外层淡黄色，内圈为褐色，中央灰白色。

急性型：产生暗绿色近圆形至椭圆形的病斑，正反两面都有大量灰色霉层，是此病流行的预兆。

白点型：产生白色近圆形小白斑。如果天气条件有利，可迅速扩展成为急性型病斑。

褐点型：在抗病品种的老叶上，产生针头大小的褐点病斑。

图 4-36　节瘟

(3)节瘟(见图 4-36)。多在抽穗后发生。初在稻节上产生褐色小点，后围绕节部扩展，使整个节部变黑腐烂，干燥时病部易横裂折断。发生早的形成枯白穗。

(4)穗颈瘟(见图 4-37)。在穗颈上初生褐色小点，扩展后可使穗颈成段变褐色或黑褐色。可造成枯白穗，发病晚的造成秕谷。

(5)谷粒瘟(见图 4-38)。颖壳变成灰白色或产生褐色椭圆形或不规则形病斑，可使稻谷变黑，造成种子带病。

图 4-37　穗颈瘟危害症状　　　　图 4-38　谷粒瘟

2. 防治措施

(1)农业防治。①选择抗病品种；②品种合理布局，避免品种单一化种植，延长抗性品种使用寿命；③健身栽培。合理施肥灌水，多施农家肥，节氮增施磷钾肥，防止偏施、迟施氮肥，湿润灌溉，适时进行晒田，以增强植株抗病能力，减轻发病。

(2)药剂防治。采取"抓两头，控中间"的策略，即重点抓好水稻秧田叶瘟和破口期穗瘟病的防治。每亩用20%三环唑可湿性粉剂100克，或40%稻瘟灵乳油80～100毫升，或6%春雷霉素可湿性粉剂40～50克，或25%多菌灵可湿性粉剂200～250克兑水均匀喷雾。

二、水稻纹枯病

水稻纹枯病俗名花脚秆、烂脚秆。全国各稻区都有发生，为水稻重要病害之一。我国的华南、华中和华东稻区发生较重，华北、东北和云南稻区也有发生，局部地区为害严重。

1. 症状特征

一般分蘖期开始发病，最初在近水面的叶鞘上出现水渍状椭圆形斑，以后病斑增多，常相互愈合成为不规则大型的云纹状斑，其边缘为褐色，中部发绿色或淡褐色。叶片上的症状和叶鞘上的基本相同。病害由下向上扩展，严重时可到剑叶，甚至造成穗部发病(见图4-39)。

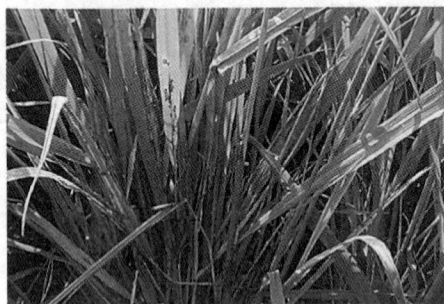

图4-39 水稻纹枯病危害症状

2. 防治措施

(1)农业防治。①健身栽培，增强植株抗病力，减少危害；

②合理密植，实行东西向宽窄行条栽，以利通风透光，降低田间湿度；③浅水勤灌，适时晒田；④合理施肥，控氮增钾。

（2）药剂防治。每亩用 30％苯甲·丙环唑乳油 15 毫升，或 5％井冈霉素水剂 150 毫升，或 25％三唑酮可湿性粉剂 50 克，或 12.5％烯唑醇可湿性粉剂 20 克，或 50％多菌灵可湿性粉剂 50 克兑水均匀喷雾防治。重病田需防治两次，间隔 7～10 天。

三、水稻白叶枯病

水稻白叶枯病在各稻区都有发生，以沿海稻区发生较普遍。

1. 症状特征

又称白叶瘟、地火烧、茅草瘟。细菌性病害，整个生育期均可受害，苗期、分蘖期受害最重。主要发生于叶片。初期在叶缘产生半透明黄色小斑，以后沿叶脉一侧或两侧或沿中脉发展成波纹状的黄绿或灰绿色病斑；病部与健部分界线明显；数日后病斑转为灰白色，并向内卷曲。空气潮湿时，新鲜病斑的叶缘上分泌出湿浊状的水珠或蜜黄色菌胶，干涸后结成硬粒，容易脱落（见图 4-40 和图 4-41）。

图 4-40　水稻白叶枯病叶片危害症状　图 4-41　水稻白叶枯病田间危害症状

2. 防治措施

（1）农业防治。①种植抗病品种，培育无病壮秧；②抓好肥水管理，整治排灌系统，平整土地，防止涝害，防止串灌、漫灌。

（2）药剂防治。①种子消毒：用三氯异氰尿酸300～500倍（即10克三氯异氰尿酸加水3～5千克）浸种3～5千克。浸种方法：先用温水预浸种12小时后，再用三氯异氰尿酸药液浸种12小时，然后捞起冲洗干净，用清水再浸12小时，捞起后即可催芽。可兼治恶苗病。②秧苗保护：秧苗在三叶一心期和移栽前喷药预防，每亩可用20%噻菌铜胶悬剂100毫升或20%噻唑锌胶悬剂100毫升，或50%氯溴异氰尿酸可溶性粉剂40～60克兑水均匀喷雾。③大田喷雾：水稻拔节后对感病品种要及早检查，如发现发病中心，应立即施药防治；大风雨后，特别是沿海地区台风过后，对受淹及感病品种稻田，都应喷药保护。所用药剂和剂量同秧苗保护。

四、水稻螟虫

螟虫是我国水稻最为常见、为害最重的害虫之一，俗称"钻心虫"或"蛀心虫"。危害水稻的螟虫主要有：二化螟（见图4-42和图4-43）、三化螟（见图4-44和图4-45）和大螟（见图4-46）3种。二化螟和大螟除危害水稻外还为害玉米、小麦等禾本科作物，三化螟为单食性害虫，只危害水稻。大螟的危害性一般小于三化螟和二化螟。

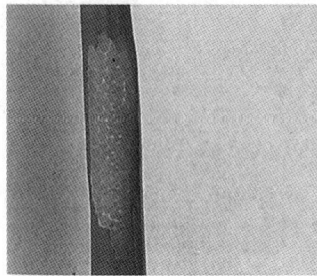

图4-42　化螟卵块

图 4-43 化螟蛹和幼虫

图 4-44 化螟卵块

图 4-45 化螟老熟幼虫

图 4-46 大螟幼虫

1. 危害特征

螟虫蛀食水稻茎部，危害分蘖期水稻，造成枯鞘和枯心苗（见图 4-47）；危害孕穗期、抽穗期水稻，造成枯孕穗和白穗（见图 4-48）；危害灌浆期、乳熟期水稻，造成半枯穗和虫伤株。危害株田间呈聚集分布，中心明显。大螟为害状与二化螟相似，但虫孔较大，有大量虫粪排出茎外，且田埂边危害较重。

图 4-47 螟虫危害枯心症状

图 4-48 螟虫危害白穗症状

2. 防治措施

（1）农业防治。灌水杀蛹以减少虫源，即在早春二化螟化蛹高峰期，灌深水（10厘米以上，要浸没稻桩）3～4天，能淹死大部分老熟幼虫和蛹。

（2）药剂防治。药剂防治应采取"狠治第一代，巧治第二代，治好第三代"的策略。

"两查两定"，防治枯鞘、枯心：一查卵块孵化进度以定防治适期，在螟卵孵化至1龄幼虫高峰期时用药防治。二查枯鞘团密度以定防治对象田，早稻分蘖期，螟卵孵化高峰后5～7天，枯鞘丛率5%～8%；晚稻分蘖期，螟卵孵化高峰后3～5天，枯鞘丛率5%～8%时，开始防治。

大田喷雾：每亩用20%氯虫苯甲酰胺胶悬剂10毫升，或40%氯虫·噻虫嗪水分散粒剂8～10克，或20%三唑磷乳油120毫升兑水均匀喷雾。施药时要均匀喷雾，田中保持有水层，以确保防治效果。

（3）物理防治。羽化期可用太阳能杀虫灯或性诱剂诱杀成虫。

五、稻纵卷叶螟

稻纵卷叶螟（见图4-49）俗称刮青虫，是为害水稻的主要害虫。

图 4-49　稻纵卷叶螟成虫和幼虫

1. 危害特征

初孵幼虫取食心叶，出现针头状小点，也有先在叶鞘内为害，随着虫龄增大，吐丝缀稻叶两边叶缘，纵卷叶片成圆筒状

虫苞，幼虫藏身其内啃食叶肉，留下表皮呈白色条斑(见图
4-50)，严重时"虫苞累累，白叶满田"(见图4-51)，以孕穗期、
抽穗期受害损失最大。

2. 防治措施

(1)农业防治。合理施肥，适时烤搁田，降低田间湿度，
防止稻株前期猛发嫩绿，后期贪青晚熟，可减轻受害程度。

图 4-50 稻纵卷叶螟危害
水稻叶片症状

图 4-51 稻纵卷叶螟田间危害症状

(2)药剂防治。根据水稻孕穗期、抽穗期受害损失大的特
点，药剂防治的策略为"狠治穗期世代，挑治一般世代"。

"两查两定"：一查稻纵卷叶螟消长和幼虫龄期以定防治适
期，掌握 2 龄幼虫高峰前用药。二查有效虫量以定防治对象
田，防治指标为，分蘖期每 100 丛 40~50 头、孕穗期每 100
丛 20~30 头有效虫量。

大田喷雾：在 2 龄幼虫高峰期施药，每亩用 20%氯虫苯
甲酰胺悬浮剂 10 毫升或 40%氯虫·噻虫嗪水分散粒剂 8~10
克，或 15%茚虫威悬浮剂 12 毫升，或 1.8%阿维菌素乳油
80~100 毫升；在卵孵盛期至 1 龄幼虫高峰期施药，每亩用
32%丙溴磷·氟铃脲可湿性粉剂 50~60 毫升，或 25.5%阿
维·丙溴灵乳油 100 毫升，或 50%丙溴磷乳油 100 毫升，或
40%毒死蜱乳油 100 毫升，或 50%稻丰散乳油 100 毫升，兑
水均匀喷雾。

六、稻飞虱(褐飞虱和白背飞虱)

褐飞虱广泛分布于国内各稻区。其食性专一,只有取食水稻和野生稻才能完成发育。

1. 危害特征

揭飞虱以成虫(见图 4-52)和若虫(见图 4-53)群集稻丛基部吸汁危害,唾液中分泌有毒物质,因而稻株不仅因被吸食而耗去养分,谷粒千粒重减轻,秕谷粒增加,而且在虫量大时,引起稻株基部变黑、腐烂发臭,短期内水稻成团、成片死杆倒伏,导致严重减产或绝收(见图 4-54)。

图 4-52　褐飞虱成虫

图 4-53　褐飞虱若虫

白背飞虱(见图 4-55)虫口数量多时,受害水稻大量丧失水分和养料,上层稻叶黄化,下层叶则黏附飞虱分泌的蜜露而滋生烟霉,严重时稻叶变黑枯死,并逐渐全株枯萎。被害稻田渐现"黄塘""穿顶"或"虱烧",造成严重减产或颗粒无收。

图 4-54　褐飞虱爆发田间危害症状

图 4-55　白背飞虱成虫

2. 防治措施

（1）农业防治。①选用抗虫品种。②健身栽培：科学管理肥水，做到排灌自如，防止田间长期积水，浅水勤灌，适时搁田；同时合理用肥，防止田间封行过早、稻苗徒长荫蔽，增加田间通风和透光度，降低湿度，创造促进水稻生长而不利于飞虱滋生的田间小气候。③合理布局：相同生育期的水稻连片种植，可防止稻飞虱扩散转移，且便于集中统一进行防治。

（2）药剂防治。①防治指标：白背飞虱为百丛水稻上有虫1000头以上，褐飞虱为孕穗期至抽穗期百丛水稻上有虫500头以上。②大田喷雾：每亩用25%噻嗪酮可湿性粉剂30～40克，或20%噻虫胺悬浮剂30～50毫升，或20%异丙威可湿性粉剂150～200克，或25%噻虫嗪水分散粒剂2～4克，或10%吡虫啉可湿性粉剂10～20克兑水均匀喷雾。

第四节　大豆主要病虫害识别与防治

一、大豆灰斑病

大豆灰斑病又称褐斑病、斑点病或蛙眼病。大豆灰斑病是世界性病害，也是中国大豆主产区的重要病害，尤以东北三省为害严重。

（一）症状

大豆灰斑病主要危害叶片，也侵害茎、荚及种子。带病种子长出的幼苗，子叶上出现半圆形深褐色凹陷斑，干旱时病情扩展缓慢，低温多雨时，病害扩展到生长点，病苗枯死。成株叶片染病初现褪绿小圆斑，后逐渐形成中间灰色至灰褐色，四周褐色的蛙眼斑，大小2～5毫米，有的病斑呈椭圆或不规则形，湿度大时，叶背面病斑中间生出密集的灰色霉层，发病重

图 4-56　大豆灰斑病危害叶片症状

的病斑布满整个叶片。茎部染病产生椭圆形病斑，中央褐色，边缘红褐色，密布微细黑点。荚上病斑圆形或椭圆形，中央灰色，边缘红褐色。豆粒上病斑圆形或不规则形，边缘暗褐色，中央灰白色，病斑上霉层不明显(见图 4-56、图 4-57 和图 4-58)。

图 4-57　大豆灰斑病危害豆荚症状

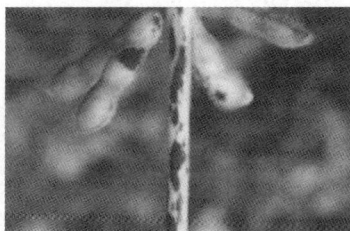

图 4-58　大豆灰斑病危害茎秆症状

(二)病原

大豆短胖胞，属半知菌亚门真菌。病菌分生孢子梗 5～12 根成束从气孔伸出，不分枝，褐色。分生孢子柱形至倒棍状，具隔膜 1～11 个，无色透明，大小(24～108)微米×(3～9)微米，孢子形状、大小因培养条件不同略有差异。病菌生长发育适温 25～28℃，高于 35℃、低于 15℃不能生长。除侵染大豆外，还可为害野生和半野生大豆。该菌有生理分化现象，中国用 6 个鉴别寄主鉴定出生理小种 11 个，黑龙江三江平原优势小种是 1 号小种。

（三）发病原因

大豆灰斑病属真菌性病害，病菌生长最适温度为 $25\sim28℃$，一般温度偏高、湿度偏大、多雨的年份发病重；高感品种发病早、蔓延快、病斑多、形成的孢子量大；抗病品种则发病晚、病斑少、孢子量小；大豆种子带菌率高，病株残体未清理彻底以及大豆连作等使田间菌量大，发病也较重；低温高湿地发病率常常高于岗地。

（四）传播途径

病菌以菌丝体或分生孢子在病残体或种子上越冬，成为翌年初侵染源。病残体上产生的分生孢子比种子上的数量大，是主要初侵染源。种子带菌后长出幼苗的子叶即见病斑，温湿度条件适宜病斑上产生大量分生孢子，借风雨传播进行再侵染。但风雨传播距离较近，主要侵染四周邻近植株，形成发病中心，后通过发病中心再向全田扩展。

（五）防治方法

（1）选用抗病品种，选用无病种子。

（2）播种前，用 60% 多福合剂按种子重量的 0.4% 拌种。

（3）避免重、迎茬，合理轮作，清除病株残体，收获后及时翻耕，减少越冬菌量。

（4）发病初期，可用 40% 多菌灵胶悬剂 500 倍液，50% 甲基硫菌灵可湿性粉剂 $600\sim700$ 倍液、50% 苯菌灵可湿性粉剂 1500 倍液、65% 甲霉灵可湿性粉剂 1000 倍液、50% 多霉灵可湿性粉剂 800 倍液，$7\sim10$ 天后再喷 1 次，以控制籽粒病害。

二、大豆褐斑病

褐斑病又称褐纹病、斑枯病。主要分布于东北地区及四川、河南、山东、江苏等省份。一般发病较轻，病叶率 5% 左右，个别年份病叶率可达 90%，造成大豆严重减产。

（一）症状

叶片染病始于底部，逐渐向上扩展。子叶病斑不规则形，暗褐色，上生很细小的黑点。真叶病斑棕褐色，轮纹上散生小黑点，病斑受叶脉限制呈多角形，直径1～5毫米，严重时病斑愈合成大斑块，致叶片变黄脱落。茎和叶柄染病生暗褐色短条状边缘不清晰的病斑。病荚染病后出现不规则棕褐色斑点（见图4-59～图4-61）。

图4-59　大豆褐斑病危害
叶片初期症状

图4-60　大豆褐斑病危害
叶片中期症状

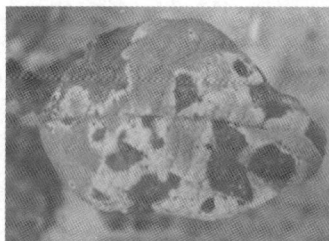

图4-61　大豆褐斑病危害叶片后期症状

（二）病原

大豆壳针孢，属半知菌亚门真菌。分生孢子器埋生于叶组织里，散生或聚生，球形，器壁褐色，膜质，直径64～112微米。分生孢子无色，针形，直或弯曲，具横隔膜1～3个。病菌发育温限5～36℃，24～28℃最适。分生孢子萌发最适温度为 24～30℃，高于 30℃则不萌发。

（三）发病原因

温暖多雨，夜间多雾，结露持续时间长发病重，高温干燥则抑制病情发展。适宜大豆褐纹病发生的温度为 24～28℃，最高温度为 36℃，最低温度为 5℃，病害潜育期一般为 10～12 天，适宜的降水量有利于褐纹病发生。连作和重茬地块发病重。种植密度大、通风透光不好、排水不良，可加重病害。

（四）传播途径

病原以分生孢子器或菌丝体在病组织和种子上越冬，成为第二年初侵染源。种子带菌导致幼苗子叶发病。病残体上越冬的分生孢子器释放出的分生孢子借风雨传播，首先侵染大豆底部叶片，引起发病，然后向上蔓延。

（五）防治方法

（1）选用抗病品种，如绥农 14 号。

（2）与玉米或其他禾本科作物实行 3 年以上轮作。

（3）合理施肥，尤其生育后期应喷施多元复合叶面肥，补足营养，增强抗病性。

（4）收割后清除田间病叶及其他病残体，并进行深翻，以减少菌源。

（5）种子处理：播种前用种子重量 0.3％的 50％福美双可湿性粉剂或 50％多菌灵可湿性粉剂拌种。

（6）病害发生初期，可用下列药剂：50％多菌灵可湿性粉剂 500 倍液；50％异菌脲可湿性粉剂 500 倍液；25％丙环唑乳油 1000 倍液；70％甲基硫菌灵可湿性粉剂 700 倍液；75％百菌清可湿性粉剂 700～800 倍液，间隔 10 天左右防治 1 次，连喷 2～3 次。

三、大豆紫斑病

大豆紫斑病是大豆的主要病害之一，常在结荚前后发生，影响产量和质量。

（一）症状

大豆紫斑病主要危害豆荚和豆粒，也危害叶和茎。苗期染病，子叶上产生褐色至赤褐色圆形斑，云纹状。真叶染病初生紫色圆形小点，散生，扩展后形成多角形褐色或浅灰色斑。茎秆染病形成长条状或梭形红褐色斑，严重的整个茎秆变成黑紫色，上生稀疏的灰黑色霉层。豆荚染病病斑圆形或不规则形，病斑较大，灰黑色，边缘不明显，干后变黑，病荚内层生不规则形紫色斑，内浅外深。豆粒染病形状不定，大小不一，仅限于种皮，不深入内部，症状因品种及发病时期不同而有较大差异，多呈紫色，有的呈青黑色，在脐部四周形成浅紫色斑块，严重的整个豆粒变为紫色，有的龟裂(图 4-62～图 4-64)。

图 4-62　大豆紫斑病危害叶片初期症状

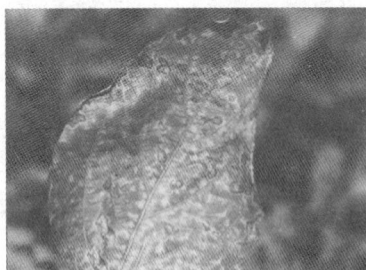

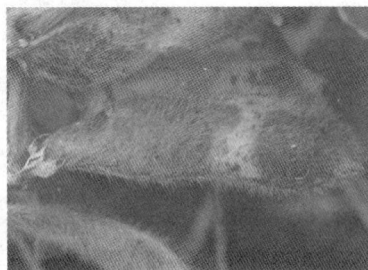

图 4-63　大豆紫斑病危害叶片后期症状　　图 4-64　大豆紫斑病为害豆荚症状

（二）病原

病菌以菌丝体潜伏在种皮内或以菌丝体和分生孢子在病残体上越冬，成为翌年的初侵染源。如播种带菌种子，引起子叶发病，病苗或叶片上产生的分生孢子借风雨传播进行初侵染和再侵染。

（三）发病原因

大豆开花期和结荚期多雨、气温偏高，均温 25.5～27℃，发病重；高于或低于这个温度范围发病轻或不发病。连作地及早熟种发病重。

（四）传播途径

病菌以菌丝体潜伏在种皮内或以菌丝体和分生孢子在病残体上越冬，成为翌年的初侵染源，如播种带菌种子，引起子叶发病，病苗或叶片上产生的分生孢子借风雨传播进行初侵染和再侵染。

（五）防治方法

（1）选用抗病品种，生产上抗病毒病的品种较抗紫斑病。如黑龙江 41 号，铁丰 19，楚秀、华春 18、丰地黄，跃进 2号、3 号，徐州 424，沛县大白角，京黄 3 号、小寒王、中黄4 号、长农 7 号、科黄 2 号、文丰 3 号、5 号，丰收 15，九农5 号、9 号，牛尾黄、西农 65(9)等。

（2）选用无病种子进行种子处理，用种子重量 0.3％的50％福美双或 40％大富丹拌种。

（3）大豆收获后及时进行秋耕，以加速病残体腐烂，减少初侵染源。

（4）在开花始期、蕾期、结荚期、嫩荚期各喷 1 次 30％碱式硫酸铜(绿得保)悬浮剂 400 倍液或 1：1：160 倍式波尔多液、50％多·霉威(多菌灵加万霉灵)可湿性粉剂 1000 倍液、

50％苯菌灵可湿性粉剂 1500 倍液、36％甲基硫菌灵悬浮剂 500 倍液，每亩喷兑好的药液 55 升左右。采收前 3 天停止用药。

四、大豆病毒病

大豆病毒病在我国各大豆产区普遍发生。主要有大豆花叶病毒病、大豆矮化病毒病、花生条纹病毒病。主要分布于山东、河南、江苏、四川、湖北、云南、贵州等省份。占发生病毒病的 70％～96％，常年产量损失 5％～10％，重病年份 10％～20％，个别年份或少数地区产量损失可达 50％，并且影响大豆种子的品质。

（一）症状

大豆发病后，先是上部叶片出现淡黄绿相间的斑驳，叶肉沿着叶脉呈泡状凸起，接着斑驳皱缩越来越重，叶片畸形，叶肉凸起，叶缘下卷，植株生长明显矮化，结荚数减少，荚细小，豆荚呈扁平、弯曲等畸形症状。发病春大豆成熟后，豆粒明显减小，并可引起豆粒出现浅褐色斑纹（见图 4-65～图 4-67）。

图 4-65　危害叶片花叶型症状　　图 4-66　危害叶片蕨叶型症状

图 4-67　大豆病毒病田间危害症状

（二）病原

大豆病毒病的病原有 3 种：①大豆花叶病毒（SMV），SMV 侵染大豆后引起大豆花叶症状。②黄瓜花叶病毒（CMV），CMV 引起大豆萎缩症状和豆粒轮纹状。③苜蓿花叶病毒（AMV），AMV 引起大豆叶片花叶症状，其特点是鲜明的黄色斑纹。引起大豆病毒病的 3 种病毒往往同时侵染大豆，田间所表现的症状往往不是单一症状，而是混合症状。

（三）发病原因

不同大豆品种对病毒病的抗病性有明显的差异。气候因素：天气干旱少雨，特别是 4～5 月干旱少雨，大豆病毒病发病重。栽培管理因素：加强大豆肥水管理，做到合理增施钾肥、磷肥，干旱天气及时灌水、浇水，及时清除田间及周围杂草，培育健壮大豆植株能提高对病毒病抗性。适当提早春大豆播种期能减轻病毒病的发生。

（四）传播途径

东北等一季作地区及南方大豆栽培区：种子带毒在田间形成病苗是该病初侵染来源。长江流域：该毒原可在蚕豆、豌豆、紫云英等冬季作物上越冬，也是初侵染源。该病的再侵染由桃蚜、豆蚜、大豆蚜等 30 多种蚜虫传毒完成。东北主要由大豆蚜和豆蚜传毒。大豆蚜占传毒蚜总数的 74％、豆蚜占 15.5％。山东以桃蚜、豆蚜、大豆蚜等为主，南京以大豆蚜为主。发病初期蚜虫一次传播范围在 2 米以内，5 米以外则很少，蚜虫进入发生高峰期传毒距离增加。

（五）防治方法

（1）选用抗病品种，建立无病留种田，选用无褐斑、饱满的豆粒作种子。

（2）加强肥水管理，培育健壮植株，增强抗病能力。

（3）及早防治蚜虫，从小苗期开始就要进行蚜虫的防治，防止和减少病毒的侵染。

（4）使用化学药剂防治春大豆病毒病应从苗期开始，这样才能提高防效。可结合苗期蚜虫的防治施药。药剂可选用 20％病毒1500倍液或 1.5％植病灵乳油 1000 倍液，或者用 5％菌毒清 400 倍液，连续使用 2～3 次，隔 10 天 1 次。

五、大豆炭疽病

大豆炭疽病普遍发生于东北、华北、华东、西北、华南各大豆产区，南方重于北方。危害豆荚、豆秆和幼苗，造成幼苗死亡，豆荚干枯不结粒，茎秆枯死，可减产 16％～26％，该病严重时减产 50％。

（一）症状

从苗期至成熟期均可发病。主要危害茎及荚，也危害叶片或叶柄。茎部染病初生褐色病斑，其上密布不规则排列的黑色小点。荚染病小黑点呈轮纹状排列，病荚不能正常发育。子叶染病现黑褐色病斑，边缘略浅，病斑扩展后常出现开裂或凹陷；病斑可从子叶扩展到幼茎上，致病部以上枯死。叶片染病边缘深褐色，内部浅褐色。叶柄染病后，病斑褐色，不规则（见图 4-68、图 4-69）。

图 4-68　大豆炭疽病危害症状

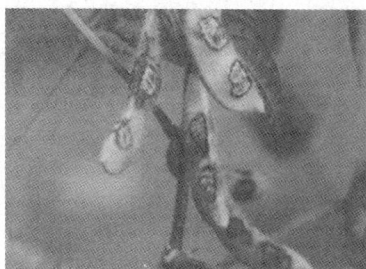

图 4-69　大豆炭疽病危害豆荚症状

（二）病原

大豆小丛壳，属子囊菌亚门真菌。子囊壳球形，多个聚生在皮层子座内，直径180～340微米。子囊长圆形至棍棒状，大小(30～106)微米×(7～13.5)微米。子囊孢子单胞无色，稍弯曲，大小(13～23)微米×(4～6)微米。无性态为大豆炭疽菌，属半知菌亚门真菌。分生孢子盘黑色，四周生许多黑色或深褐色刚毛，长 100～200 微米。分生孢子梗无色，短。分生孢子单胞无色，镰刀形，大小(16～25)微米×(3.7～4.5)微米。

（三）发病原因

由于病菌发育温度范围在 12～35℃，发病适温为 25℃，故苗期如气温较低、土壤过分干燥，种子发芽出土慢，抗逆力降低，容易造成幼苗发病。成株期如天气温暖潮湿，或氮肥偏施、过施，长势过旺株间郁蔽，易诱发病害。

（四）传播途径

病菌以菌丝体和子实体(有性态子囊壳或无性态分生孢子盘)在大豆种子和病残体上越冬，并成为翌年病害初侵染源，播用带菌或带病的种子即可发病。病苗病部产生的分孢盘和分生孢子成为田间病害再侵染接种体，借风雨及小昆虫活动传播，再次侵染不断发生，病害得以蔓延扩大。

（五）防治方法

（1）选用抗病高产良种，常发病区注意寻找抗病品种和抗病单株。

（2）播前种子消毒。用种子重量 0.2％的 70％甲基硫菌灵＋75％百菌清可湿粉混剂（1：1），或用 40％三唑酮多菌灵可湿粉或用 25％炭特灵可湿性粉剂，或用 20％施保功可湿性粉剂拌种，密封 72 小时后播种。

（3）加强管理，增强植株抗逆力。配方施肥，适当增施磷钾肥，避免偏施、过施氮肥，适时喷施含微量元素的叶面营养剂；开沟排水，雨后及时清沟排渍降温；结合管理，随时收集病残落叶带出田外烧毁。

（4）发病后及时喷药，封锁病中心，可选用 40％多硫悬剂（灭病威）600 倍液，或用世高水分散粒剂 1000～1500 倍液，或用 25％溴菌腈可湿粉 1000 倍液。喷雾防治，前密后疏，喷匀喷足。

六、大豆胞囊线虫病

大豆胞囊线虫病是大豆种植期常见的线虫病害。气温、土壤条件等多种条件都可以导致这种病害的发生。这种病害可以导致大豆大面积减产，而且在中国各大豆类种植区都有发生。

（一）症状

大豆根结线虫病、萎黄线虫病，俗称"火龙秧子"。苗期染病后，病株子叶和真叶变黄、生育停滞枯萎。被害植株矮小、花芽簇生、节间短缩，开花期延迟，不能结荚或结荚少，叶片黄化。重病株花及嫩荚枯萎、整株叶片由下向上枯黄似火烧状。根系染病被寄生主根一侧鼓包或破裂，露出白色亮晶微如面粉粒的胞囊，被害根很少结瘤或不结瘤，由于胞囊撑破根皮，根液外渗，致次生土传根病加重或造成根腐（见图 4-70）。

图 4-70　大豆胞囊线虫病危害症状

（二）病原

大豆胞囊线虫，属线虫动物门线虫。雌雄成虫异形又异皮。雌成虫柠檬状，先白色后变黄褐色，大小 0.85～0.51 毫米。壁上有不规则横向排列的短齿花纹，具有明显的阴门圆锥体，阴门小板为两侧半膜孔型，具有发达的下桥和泡状突。雄成虫线形，皮膜质透明，尾端略向腹侧弯曲，平均体长 1.24 毫米。卵长椭圆形，一侧稍凹，皮透明，大小 108.2 微米×45.7 微米。幼虫 1 龄在卵内发育，脱皮成 2 龄幼虫，2 龄幼虫卵针形，头钝尾细长，3 龄幼虫腊肠状，生殖器开始发育，雌雄可辨。4 龄幼虫在 3 龄幼虫旧皮中发育，不卸掉蜕皮的外壳。

（三）发病原因

成虫产卵适温 23～28℃，最适湿度 60%～80%。卵孵化温度 16～36℃，以 24℃孵化率最高。幼虫发育适温 17～28℃，幼虫侵入温度 14～36℃，以 18～25℃最适，低于 10℃停止活动。土壤内线虫量大，是发病和流行的主要因素。盐碱土、沙质土发病重。连作田发病重。大豆胞囊线虫存在生理分化现象，东北豆区以 1、3 号为主，黄淮海豆区以 4、5、7 号为主，全国来看 3、4 号出现频率最高，分布最广。

（四）传播途径

该线虫是一种定居型内寄生线虫，以 2 龄幼虫在土中活动，寻根尖侵入。该线虫寄生豆科、玄参科 170 余种植物，有的虽侵入，但不在根内发育。胞囊线虫以卵、胚胎卵和少量幼虫在胞囊内于土壤中越冬，有的黏附于种子或农具上越冬，成为翌年初侵染源，胞囊角质层厚，在土壤中可存活 10 年以上。胞囊线虫自身蠕动距离有限，主要通过农事耕作、田间水流或借风携带传播，也可混入未腐熟堆肥或种子携带远距离传播。虫卵越冬后，以 2 龄幼虫破壳进入土中，遇大豆幼苗根系侵入，寄生于根的皮层中，以口针吸食，虫体露于其外。雌雄交配后，雄虫死亡。雌虫体内形成卵粒，膨大变为胞囊。胞囊落入土中，卵孵化可再侵染。2 龄线虫只能侵害幼根。秋季温度下降，卵不再孵化，以卵在胞囊内越冬。

（五）防治方法

（1）选用抗病品种，如豫豆 2 号、8118、7803 等，河南商丘选育的 7606 等品种。

（2）病田种玉米或水稻后，胞囊量下降 30% 以上，是行之有效的农业防治措施，此外要避免连作、重茬，做到合理轮作。

（3）药剂防治。提倡施用甲基异柳磷水溶性颗粒剂，每亩 300～400 克有效成分，于播种时撒在沟内，效果明显。

第五节　棉花主要病虫害识别与防治

一、棉花苗期病害

棉花苗期病害种类多，常见的有立枯病、炭疽病、猝倒病、红腐病等，其中立枯病和炭疽病发病比较普遍和严重。发病率一般为 20%～30%，严重的可达 50%～90%。

1. 症状特征

（1）立枯病（见图 4-71）。棉苗根部和近地面茎基部出现长

条形黄褐色斑，发病严重时整个病斑扩展为黑褐色，环绕整个
根茎造成环状缢缩，导致整株枯死，枯死株根部腐烂。子叶受
害，多在被害叶子上产生不规则黄褐色病斑，病部干枯脱落后
形成穿孔。发病田常出现缺苗断垄。

（2）炭疽病（见图4-72）。幼苗根茎部和茎基部产生褐色条
纹，严重时纵裂、下陷，导致维管束不能正常吸水，幼苗枯死。
子叶受害，多在叶的边缘产生半圆形或近半圆形褐色斑纹，田
间空气湿度大时，可扩展到整个子叶。茎部被害多从叶痕处发
病，形成黑色圆形或长条形凹陷病斑，病斑上有橘红色黏状物。

2. 防治措施

（1）农业防治。①适时播种。早播则气温、土温偏低，延
缓种苗出土时间，利于病菌侵入危害；晚播则不利于种苗生
长，影响棉花产量。②加强田间管理。出苗后及时耕田松土，
及时清除田间病残体。雨后注意中耕，防止土壤板结。③合理
轮作，尽可能与其他作物实行3年以上轮作倒茬。

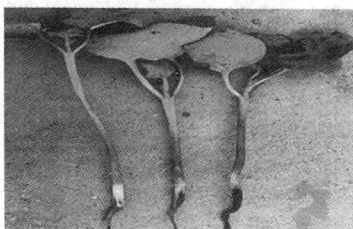

图 4-71　棉花立枯病幼苗受害症状　　图 4-72　棉花炭疽病幼苗受害症状

（2）药剂防治。①种子处理：每100千克种子用2.5%咯
菌腈悬浮种衣剂2.5毫升包衣，或用1%武夷菌素水剂或2%
宁南霉素水剂200倍液浸种24小时。②田间死苗率超过2%
时，可用65%代森锰锌可湿性粉剂或70%甲基硫菌灵可湿性
粉剂800~1000倍液喷雾防治。

二、棉花枯萎病

1. 症状特征

棉花整个生育期均可受害，是典型的维管束病害。苗期症状有青枯型(见图 4-73)、黄色网纹型(见图 4-74)、黄化型(见图 4-75)、红叶型(见图 4-76)、矮缩型(见图 4-77)、萎蔫型(见图 4-78)等；蕾期症状有皱缩型、半边黄化型、枯斑型、顶枯型、光秆型等。种子带菌是造成病区迅速扩展的主要原因。

图 4-73　棉花枯萎病青枯型病株　　图 4-74　棉花枯萎病黄色网纹型病叶

图 4-75　棉花枯萎病黄化型病株　　图 4-76　棉花枯萎病红叶型病株

图 4-77　棉花枯萎病矮缩型（左）病株　　图 4-78　棉花枯萎病萎蔫型病株

2. 防治措施

（1）农业防治。①种植抗病品种，严防从病区引种。②轮作倒茬，如与小麦、玉米等禾本科作物轮作。③加强栽培管理：增施底肥和磷肥，适期播种，及时定苗，拔除病苗，在苗期发病高峰前及时深中耕、勤中耕，及时追肥。④在病田定苗、整枝时，将病株枝叶及时清除，并在棉田外深埋或烧毁。

（2）药剂防治。①种子处理：每 100 千克种子用 2％戊唑醇种子处理可分散粉剂 200 克拌种或用 36％甲基硫菌灵悬浮剂 170 倍液浸种。②大田喷雾：用 80％乙蒜素乳油 1000～1500 倍均匀喷雾。

三、棉花黄萎病

1. 症状特征

整个生育期均可发病。自然条件下幼苗发病少或很少出现症状。一般在 3～5 片真叶期开始显症，生长中后期棉花现蕾后田间大量发病，初在植株下部叶片上的叶缘和叶脉间出现浅黄色斑块，后逐渐扩展，叶色失绿变浅，主脉及其四周仍保持绿色，病叶出现掌状斑驳，叶肉变厚，叶缘向下卷曲，叶片由下而上逐渐脱落，仅剩顶部少数小叶（见图 4-79 和图 4-80）。蕾铃稀少，棉铃提前开裂，后期病株基部生出细小新枝。纵剖病茎，木质部上产生浅褐色变色条纹。夏季暴雨后出现急性型萎蔫症状，棉株突然萎垂，叶片大量脱落，严重影响棉花产量。

图 4-79　棉花黄萎病发病
初期叶片危害症状

图 4-80　棉花黄萎病发病
后期叶片危害症状

2. 防治措施

(1)农业防治。①选抗病品种。②轮作倒茬(同枯萎病)。③加强棉田管理。清洁棉田，减少土壤菌源，及时清沟排水，降低棉田湿度，使其不利于病菌滋生和侵染。平衡施肥，氮、磷、钾合理配比使用，切忌过量使用氮肥，重施有机肥，侧重施氮、钾肥。

(2)药剂防治。大田喷雾：用 0.5％氨基寡糖素水剂400 倍液，或 80％乙蒜素乳油 1000～1500 倍液均匀喷雾。

四、棉蚜

棉蚜俗称腻虫，为世界性棉花害虫。中国各棉区均有发生，是棉花苗期的重要害虫之一。

1. 危害特征

棉蚜以刺吸式口器插入棉叶背面或嫩头部分组织吸食汁液，受害叶片向背面卷缩，叶表有蚜虫排泄的蜜露，并往往滋生霉菌(见图 4-81)。棉花受害后植株矮小、叶片变小、叶数减少、现蕾推迟、蕾铃数减少、吐絮延迟。严重的可使蕾铃脱落，造成落叶减产。

图4-81　棉蚜危害状

2. **防治措施**

(1)农业防治。①铲除杂草，加强水肥管理，促进棉苗早发，提高棉花对蚜虫的耐受能力。②采用麦一棉、油菜一棉、蚕豆一棉等间作套种。③结合间苗、定苗、整枝打杈，拔除有蚜株，并带出田外集中销毁。

(2)药剂防治。①种子处理：每100千克种子用600克/升吡虫啉悬浮种衣剂600~800毫升，或70%噻虫嗪种子处理可分散粉剂300~600克，兑水1000毫升混成均一药液，将药液倒在种子上，边倒边搅拌直至药液均匀附着到种子表面。兼治地下害虫。②大田喷雾：每亩用10%吡虫啉可湿性粉剂20~40克，或1%甲氨基阿维菌素苯甲酸盐乳油40~60毫升，或40%毒死蜱乳油75~150毫升，或3%啶虫脒乳油15~20毫升，或2.5%高效氯氟氰菊酯乳油10~20毫升，兑水均匀喷雾。

(3)物理防治。采用黄板诱杀技术。

(4)生物防治。保护利用天敌。棉田中棉蚜的天敌主要有瓢虫、草蛉、食蚜蝇、食蚜蟓、蜘蛛等。

五、棉铃虫

棉铃虫是棉花蕾铃期危害的主要害虫。我国黄河流域棉区、长江流域棉区受害较重。

1. 危害特征

棉铃虫主要以幼虫蛀食棉蕾、花和棉铃，也取食嫩叶。危害棉蕾后苞叶张开变黄，蕾的下部有蛀孔，直径约5毫米，不圆整，蕾内无粪便，蕾外有粒状粪便，蕾苞叶张开变成黄褐色，2～3天后即脱落。青铃受害时，铃的基部有蛀孔，孔径粗大，近圆形，粪便堆积在蛀孔之外，赤褐色，铃内被食去一室或多室的棉籽和纤维，未吃的纤维和种子呈水渍状，成烂铃（见图4-82）。1只幼虫常为害10多个蕾铃，严重时蕾铃脱落一半以上。

图 4-82　棉铃虫危害棉铃症状

2. 防治措施

(1)农业防治。①秋耕冬灌，压低越冬虫口基数。②加强田间管理。适当控制棉田后期灌水，控制氮肥用量，防止棉花徒长。

(2)药剂防治。每亩用1%甲氨基阿维菌素苯甲酸盐乳油40～60毫升，或2.5%高效氯氟氰菊酯乳油20～60毫升，或

15％茚虫威悬浮剂 18 毫升，或 5％氟铃脲乳油 100～160 毫升，或 40％辛硫磷乳油 50～100 毫升，或 40％毒死蜱乳油 75～150 毫升，兑水均匀喷雾。

（3）物理防治。①利用棉铃虫成虫对杨树叶挥发物具有趋性和白天在杨枝把内隐藏的特点，在成虫羽化、产卵时，在棉田摆放杨枝把，每亩放 6～8 把，日出前收集处理诱到的成虫。②在棉铃虫重发区和羽化高峰期，利用高压汞灯及频振式杀虫灯诱杀棉铃虫成虫。

（4）生物防治。①每亩用 8000 国际单位苏云金杆菌可湿性粉剂 200～300 克，或 10 亿 PIB/克棉铃虫核型多角体病毒可湿性粉剂 100～150 克，兑水均匀喷雾。②每亩释放赤眼蜂 1.5 万～2 万头，或释放草蛉 5000～6000 头。

六、棉红蜘蛛

棉红蜘蛛也叫棉叶螨。广泛分布在全国各个棉区，是危害棉花的主要害虫之一。

1. 危害特征

苗期至成熟期均有发生，以若螨和成螨群聚于叶背吸取汁液，被害棉叶先出现黄白色斑点，危害加重时叶片出现红色斑块，直到整个叶片变成褐色，干枯脱落（见图 4-83 和图 4-84）。

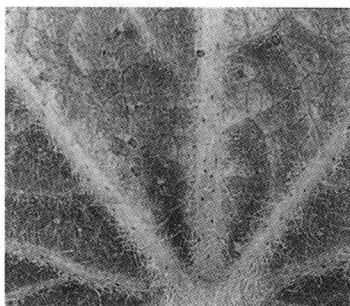

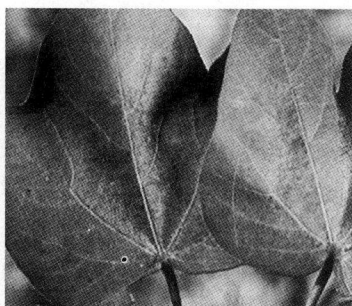

图 4-83　棉叶螨叶背面危害症状　　图 4-84　棉叶螨叶片正面危害症状

2.防治措施

(1)农业防治。①冬春结合积肥清除田边地头杂草。②棉花采收后，及时将棉秆粉碎，并秋耕冬灌，消灭越冬虫源。

(2)药剂防治。每亩用15%哒螨灵乳油40毫升，或40%炔螨特乳油50~60毫升，或24%螺螨酯悬浮剂10~20毫升，兑水均匀喷雾。

七、棉盲蝽

近年来，随着抗虫棉的广泛种植和用药的减少，棉田害虫种群结构发生了相应变化，棉花盲蝽象(见图4-85)由次要害虫上升为主要害虫，发生危害程度逐年加重。

图 4-85　棉盲蝽成虫

1.危害特征

主要危害棉花的幼嫩部分，苗期危害生长点，可使棉花造成无头棉"公棉花""破头风"(见图4-86、图4-87)。蕾期幼蕾受害，由黄绿色变黑变干，似"荞麦粒"，稍大的蕾受害后苞叶张开不久脱落，花铃期受害也会僵化脱落。

图 4-86　棉盲蝽危害顶芽症状　　　　图 4-87　棉盲蝽症害幼叶症状

2. 防治措施

(1)农业防治。①实行秋翻冬灌，清除田间杂草，消灭越冬虫源。②苜蓿种植相邻的棉田，适当提早收割苜蓿，防止迁移扩散。

(2)药剂防治。每亩用 20％丁硫克百威乳油 5 毫升＋4.5％高效氯氰菊酯乳油 40 毫升，或 40％毒死蜱乳油 100～125 毫升，或 1％甲氨基阿维菌素苯甲酸盐乳油 50 毫升，或 2.5％高效氯氟氰菊酯乳油 10～20 毫升，或 3％啶虫脒乳油 50 毫升，兑水均匀喷雾。

(3)生物防治。保护利用蜘蛛、寄生螨、草蛉以及卵寄生蜂等天敌。

第六节　蔬菜主要病虫害识别与防治

一、黄瓜

(一)黄瓜苗期病害

黄瓜苗期病害主要有猝倒病、立枯病等，冬春育苗时苗床上普遍发生且危害严重。

1. 症状特征

(1)猝倒病。从种子发芽到幼苗出土前染病，造成烂种、烂芽，出土不久的幼苗最易发病。幼苗茎基部出现水渍状黄褐色病斑，迅速扩展后病部缢缩成线状，幼苗病势扩展极快，子叶凋萎之前，幼苗便倒折贴伏地面(见图 4-88)。刚刚倒折的幼苗依然绿色，故称之为猝倒病。

(2)立枯病。多在出苗一段时间后发病，在幼苗茎基部产生椭圆形褐色病斑，病斑逐渐凹陷，扩展后绕茎一周造成病部收缩、干枯(见图 4-89)。病苗初为萎蔫状，随之逐渐枯死，枯死苗多立而不倒伏，故称之为立枯病。苗床湿度大时，病苗附近床面上常有稀疏的淡褐色蛛丝状霉，苗床上病害扩展较慢。

图 4-88　黄瓜猝倒病幼苗受害症状　　图 4-89　黄瓜立枯病幼苗受害症状

2. 防治措施

(1)农业防治。①种子要精选，催芽时间不宜过长，播种不要过密。②加强苗床管理。选用无菌新土作床土，最好换大田土。苗床要平整，土要细松。出苗后尽量不要浇水，必须浇水时选择晴天喷洒，切忌大水漫灌。③加强通风换气，促进幼苗健壮生长。

(2)药剂防治。①苗床药剂消毒。每平方米用 50％多菌灵可湿性粉剂 8～10 克，拌细土 1 千克，撒施播种畦内。②药剂防治。防治猝倒病，每亩用 72.2％霜霉威水剂 100 毫升，或25％嘧菌酯悬浮剂 34 克，兑水均匀喷雾，视病情防治2～3 次，用药间隔 7 天；防治立枯病，用 72％霜脲·锰锌可湿性粉剂 130～160 克，兑水均匀喷雾，间隔 6～7 天，视病情防治 2～3 次。

(二)黄瓜霜霉病

霜霉病为黄瓜主要病害，种植地区都有发生，显著影响产量。

1. 症状特征

黄瓜全生育期均可发病，主要危害叶片。子叶染病初期出现不均匀的褪绿色黄斑，后形成不规则的枯黄斑，甚至子叶枯死。真叶染病，开始沿叶片边缘出现许多水渍状病斑，淡绿色，并很快发展成黄绿色至黄色的大斑，因受叶脉限制，病斑呈多角形(见图4-90)。湿度大时病部背面出现灰黑色霉层。严重时病斑互相融合，叶片变成深褐色，边缘向上卷起，瓜秧自下而上干枯、死亡，有时仅留下绿色的顶梢(见图4-91、图4-92)。

图4-90　黄瓜霜霉病叶片正面危害症状

图4-91　黄瓜霜霉病叶片背面
危害症状

图4-92　黄瓜霜霉病田间
危害症状

2. 防治措施

(1)农业防治。①培育无病壮苗。增施有机底肥，注意氮、磷、钾肥合理搭配。②浇水在晴天上午进行，避免雨天灌水，灌水后适时浅中耕。

(2)药剂防治。每亩用250克/升吡唑醚菌酯乳油20～40毫升，或80%代森锰锌可湿性粉剂100克，或250克/升嘧菌酯悬浮剂 45～80 毫升，或 80％烯酰吗啉水分散粒剂 20～25 克，或 72％霜脲·锰锌可湿性粉剂 130～160 克交替兑水均匀喷雾。间隔 6～7 天，视病情防治 2～3 次。

（三）黄瓜疫病

黄瓜疫病是一种发展迅速，流行性强，毁灭性的病害，故称为"疫病"。

1. 症状特征

苗期、成株期均可发病。苗期发病多是子叶、根茎处呈暗绿色水浸状，很快腐烂而死。成株期发病，多在茎基部或节部、分枝处发病。先出现褐色或暗绿色水渍状斑点，迅速扩展成大型褐色、紫褐色病斑，表面长有稀疏白色霉层。病部缢缩，皮层软化腐烂，病部以上茎叶萎蔫，枯死。叶片发病产生不规则状、大小不一的病斑，似开水烫状，湿绿色，扩展迅速可使整个叶片腐烂，湿度大或阴雨时病部表面生有轻微的霉（见图 4-93）。瓜条发病先形成水渍状暗绿色病斑，略凹陷，湿度大时瓜条很快软腐，病部产生稀疏白霉（见图 4-94）。

2. 防治措施

（1）农业防治。①选用抗病品种。②与非瓜类作物进行 2 年以上轮作。③加强栽培管理。选择排水良好的地块，采用深沟高垄种植，雨后及时排水。

（2）药剂防治。同黄瓜霜霉病。

图 4-93　黄瓜疫病茎基部受害症状　　图 4-94　黄瓜疫病瓜条受害症状

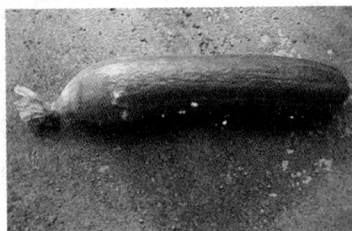

（四）黄瓜细菌性角斑病

黄瓜细菌性角斑病是黄瓜上的重要病害之一。

1. 症状特征

此病全生育期均可发生，可危害叶片、叶柄、卷须和果实，严重时也侵染茎蔓。幼苗多在子叶上出现水渍状圆病斑，稍凹陷，变褐枯死。成株叶片发病，最初产生水渍状小斑点，病斑扩大因受叶脉限制，形成多角形黄色病斑，潮湿时病斑外围具有明显水渍状圈，并产生白色菌脓，干燥时病斑干裂、穿孔（见图 4-95、图 4-96）。瓜条和茎蔓病斑初期也是水渍状，后出现溃疡或裂口，并有菌脓溢出，病部干枯后呈乳白色，并有裂纹，瓜条病斑向深部腐烂。

图 4-95 初期危害症状

图 4-96 后期危害症状

2. 防治措施。

（1）农业防治。①选用抗病品种。②无病土育苗，移栽时施足底肥，增施磷钾肥，深翻土地，避雨栽培，清洁田园，保护地通风降湿等。

（2）药剂防治。每亩用 3% 中生菌素可湿性粉剂 600～800 倍液、77% 氢氧化铜可湿性粉剂 400～600 倍液交替均匀喷雾。间隔 6～7 天，视病情防治 2～3 次。

（五）黄瓜白粉病

1. 症状特征

苗期至收获期均可染病，叶片发病重，叶柄、茎次之，果实受害少。发病初期叶面或叶背及茎上产生白色近圆形星状小粉斑，以叶面居多，后向四周扩展成边缘不明显的连片白粉，严重时整叶布满白粉（见图4-97）。发病后期，白色粉斑因菌丝老熟变为灰色，病叶黄枯。有时病斑上长出成堆的黄褐色小粒点，后变黑，即病原菌的闭囊壳。

图 4-97　黄瓜白粉病叶片危害症状

2. 防治措施

（1）农业防治。①选用抗病品种。②注意通风透光，合理用水，降低空气湿度。③施足底肥，增施磷钾肥，培育壮苗，增强植株抗病能力。

（2）药剂防治。每亩用 25％嘧菌酯悬浮剂 34 克，或 50％苯氧菊酯干悬浮剂 17 克，或 50％烯酰吗啉可湿性粉剂 60 克交替兑水均匀喷雾。间隔 7～10 天，视病情防治 2～3 次。

（六）黄瓜枯萎病

1. 症状特征

幼苗发病，子叶萎蔫，胚茎基部呈褐色水渍状软腐，潮湿时长出白色菌丝，猝倒枯死。成株开花结瓜后陆续发病，开始阶段中午植株常出现萎蔫，早晚恢复正常，逐渐发展为不能恢复，最后枯死。病株茎基部呈水渍状溢缩，主蔓呈水渍状纵裂，维管束变成褐色，湿度大时病部常长有粉红色和白色霉状物，植株自下而上变黄枯死（见图4-98）。

图4-98　黄瓜枯萎病田间危害症状

2. 防治措施

（1）农业防治。①选用抗病品种。②与非瓜类作物进行2年以上轮作。③嫁接防病。

（2）药剂防治。定植时，每亩用50%多菌灵可湿性粉剂4千克拌细土撒入定植穴内。发病初期，可选用50%多菌灵可湿性粉剂500倍液、70%甲基硫菌灵可湿性粉剂400倍液，每株250毫升药液灌根，5～7天一次，连灌2～3次。

（七）黄瓜炭疽病

1. 症状特征

该病在黄瓜各生育期都可发生，以生长中、后期发病较重，可危害叶片、茎和果实。幼苗多发生于子叶边缘，病斑呈半圆形或圆形，水渍状，渐由淡黄色变成灰色至深褐色，稍凹陷，潮湿时长出粉红色黏状物（见图4-99），茎基部则出现变色、缢缩、倒伏。在成株叶片上初为水渍状小斑点，后变褐色近圆形病斑，有同心轮纹和小黑点，干燥时病斑易穿孔，外围有时有黄色晕圈（见图4-100），严重时病斑连片，叶片干枯。

茎和叶柄病斑长圆形或椭圆形，黄褐色，稍凹陷，严重时病斑连接，包围主茎，致使植株一部分或全部枯死。瓜条染病，病斑近圆形，初期为淡绿色水浸状小病斑，扩大后呈褐色凹陷，中央深褐色并长出小黑点，高湿时病斑上长有粉红色黏状物。

图 4-99　黄瓜炭疽病幼苗子叶　　　图 4-100　黄瓜炭疽病叶片
　　　　　危害症状　　　　　　　　　　　　危害症状

2. 防治措施

(1)农业防治。①种子消毒。播种前种子用55℃温水浸种15分钟，或用40％甲醛(福尔马林)150倍液浸种30分钟，洗净后晾干播种。②高畦栽培。选择排水良好的地块，采用深沟高垄种植，雨后及时排水。

(2)药剂防治。每亩用10％苯醚＋甲环唑水分散粒剂15克，或50％咪鲜胺锰盐可湿性粉剂37～75克兑水均匀喷雾。间隔6～7天，视病情防治2～3次。

(八)黄瓜根结线虫病

黄瓜根结线虫病是近年来危害黄瓜的一种主要根部病害，在温室、大棚和露地等黄瓜植株上都有发生，特别是在温室条件下，四季连续发病，一般减产30％～70％。

1. 症状特征

此病主要危害根系。发病轻微时，植株局部叶片发黄，中午或天热时叶片显现萎蔫。发病较重时，植株矮化、瘦弱、长势差、叶片萎蔫、植株提早枯死。染病植株和幼苗在侧根和须根上形成许多根结，俗称"瘤子"，初为白色，后变淡灰褐色，表面有时龟裂（见图 4-101）。解剖根结，在病部组织里可见埋生许多鸭梨形极小乳白色虫体。

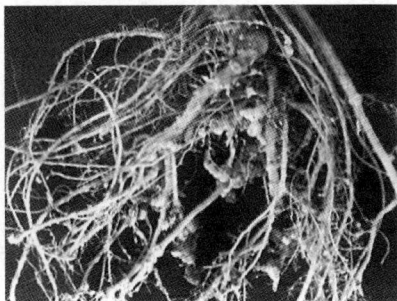

图 4 101　黄瓜根结线虫病危害状

2. 防治措施

（1）农业防治。①选用无病土进行育苗，培育无病壮苗。②嫁接防病。用野生刺瓜与黄瓜嫁接，对南方根结线虫抗性强，增产幅度大。③合理轮作。与葱、蒜、韭菜等蔬菜实行2年以上轮作。发病重的地块最好与禾本科作物轮作，水旱轮作效果最好。④深翻土壤。病地深翻 30～40 厘米，把线虫集中的表土层翻入深层，可压低线虫数量，减轻危害。

（2）药剂防治。在定植期和生长期，用 1％阿维菌素乳油3000倍液灌根，每株 250 毫升，或每亩用 10％噻唑磷颗粒剂1～2 千克穴施或沟施，对根结线虫有良好的效果。

二、番茄

（一）番茄早疫病

1. 症状特征

番茄早疫病或称轮纹斑病，主要危害叶片，也可危害茎部和果实。叶斑多呈近圆形至椭圆形，灰褐色，斑面具深褐色同心轮纹，斑外围具有黄色晕圈，有时多个病斑连合成大型不规则病斑。潮湿时斑面长出黑色霉状物(见图 4-102)。茎部病斑多见于茎部分枝处，初呈暗褐色菱形或椭圆形病斑，扩大后稍凹陷亦具有同心轮纹和黑霉。果实受害多从果蒂附近开始，出现椭圆形黑色稍凹陷病斑，斑面长出黑霉，病部变硬，果实易开裂，提早变红(见图 4-103)。

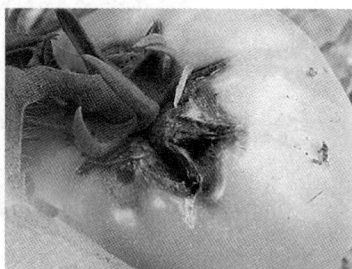

图 4-102　番茄早疫病叶片危害症状　图 4-103　番茄早疫病果实危害症状

2. 防治措施

(1)农业防治。①选用抗病品种。②合理轮作。与非茄科作物实行 3 年以上轮作。③加强田间管理。实行高垄栽培，合理施肥，定植缓苗后要及时封垄，促进新根发生；温室内要控制好温度和湿度，加强通风透光管理；结果期要定期摘除下部病叶，深埋或烧毁，以减少传病的机会。

(2)药剂防治。①定植前土壤消毒，结合翻耕，每亩撒施70％甲霜•锰锌可湿性粉剂 2.5 千克，杀灭土壤中的残留病菌。②定植后，用 1∶1∶200 等量式波尔多液喷雾预防病害发生，隔 10～15 天喷洒 1 次。③发病初期，每亩可用 25％嘧菌酯悬浮剂 40 克，或 52.5％恶酮•霜脲氰可湿性粉剂 40 克兑水均匀喷雾，间隔7～10 天，视病情防治 3～4 次。

(二)番茄晚疫病

1. 症状特征

番茄晚疫病在番茄的整个生育期均可发生，幼苗、茎、叶和果实均可受害，以叶和青果受害为重。幼苗染病，病斑由叶向叶脉和茎蔓延，使茎变细并呈黑褐色，植株萎蔫或倒伏，高湿条件下病部产生白色霉层(病菌的孢囊梗和孢子囊)；成株期染病，多从下部叶片发病，形成暗绿色水浸状边缘不明显的病斑，扩大后呈褐色(见图4-104)。高湿时，叶背病健部交界处长出白霉，整叶腐烂，可蔓延到叶柄和主茎。茎秆染病产生暗褐色四陷条斑，导致植株萎蔫。果实染病主要发生在青果上，病斑初呈油浸状暗绿色，后变成暗褐色至棕褐色，稍凹陷，边缘明显，云纹不规则，果实一般不变软，湿度大时其上长少量白霉，迅速腐烂(见图4-105)。

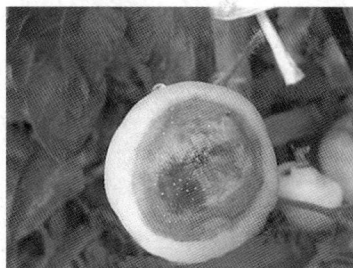

图4-104　番茄晚疫病叶片危害症状　图4-105　番茄晚疫病果实危害症状

2. 防治措施

(1)农业防治。①选用抗病品种。②加强肥水管理，改善通风透光条件。③及时清除中心病株。

(2)药剂防治。发病初期，可用72%霜脲·锰锌可湿性粉剂600倍液，或75%百菌清可湿性粉剂600倍液，或77%氢氧化铜可湿性粉剂500倍液，或33.5%喹啉铜悬浮剂800～1000倍液均匀喷雾。间隔7～10天，视病情防治3～4次。对温室大棚中的番茄，可用百菌清烟雾剂或粉尘剂防治，每亩用烟剂200～250克或粉尘剂1千克。

(三)番茄灰霉病

1. 症状特征

该病危害花、果实、叶片及茎。花器被害，多从开败的花及花托部侵入，造成褐色腐烂，并向花梗蔓延(见图 4-106)。果实染病青果受害重，残留的柱头或花瓣多先被侵染，后向果面或果柄发展，致果皮呈灰白色、软腐，病部长出大量灰绿色霉层，即病原菌的子实体，果实失水后僵化(见图 4-107)。叶片染病始自叶尖，病斑呈"V"字形向内扩展，

图 4-106　番茄灰霉病花器危害症状　　图 4-107　番茄灰霉病果实危害症状

初水浸状、浅褐色、边缘不规则、具深浅相间的轮纹，后干枯表面生有灰霉致叶片枯死(见图 4-108)。茎染病，开始亦呈水浸状小点，后扩展为长椭圆形或长条形斑，湿度大时病斑上长出灰褐色霉层，严重时引起病部以上枯死(见图 4-109)。

图 4-108　番茄灰霉病叶片危害症状　　图 4-109　番茄灰霉病侧枝危害症状

2.防治措施

(1)农业防治。①发病初期要及时打去老叶,以利株间通风,降低田间湿度。②及时摘除病叶、病果,烧毁或深埋,以减少病原菌。③适当减少灌水,防止大水漫灌,采用滴灌和暗灌等灌溉技术,切忌阴天浇水。

(2)药剂防治。防治灰霉病用药适期非常关键,应抓住以下3个关键时期:第一次在定植前,用50%腐霉利可湿性粉剂1500倍液或50%多菌灵可湿性粉剂500倍液喷淋番茄苗。第二次在蘸花(第一穗果开花)时,在配好的2,4-D或防落素稀液中加入0.1%的50%腐霉利可湿性粉剂或50%异菌脲可湿性粉剂、50%多菌灵可湿性粉剂进行蘸花或涂抹,使花器着药。第三次在果实膨大期,每亩用10%腐霉利烟剂或45%百菌清烟剂250克,熏一夜,隔7~8天再熏一次。发病初期每亩用50%乙烯菌核利可湿性粉剂100克、25%嘧菌酯悬浮剂34克兑水喷雾,间隔10~15天,视病情防治2~3次。

(四)番茄叶霉病

叶霉病是温室大棚种植番茄的主要病害,分布广泛,发生普遍。

1.症状特征

此病主要危害叶片,严重时也危害茎、果、花。叶片被害时叶背面出现不规则或椭圆形淡黄或淡绿色的褪绿斑,初生白色霉层,后变成灰褐色或黑褐色绒状霉层(见图4-110)。叶片正面淡黄色,边缘不明显,严重时病叶干枯卷曲而死亡。病株下部叶片先发病,逐渐向上部叶片蔓延。严重时可引起全株叶片卷曲。果实染病,从蒂部向四周扩展,果面形成黑色或不规则形斑块,硬化凹陷。

图 4-110　番茄叶霉病叶片背面危害症状

2. 防治措施

(1)农业防治。①合理轮作，与瓜类或其他蔬菜进行 3 年以上轮作。②加强棚内温湿度管理，适时通风，适当控制浇水，浇水后及时通风降湿，连阴雨天和发病后控制灌水。③合理密植，及时整枝打杈，以利通风透光。④实施配方施肥，避免氮肥过多，适当增加磷、钾肥。

(2)药剂防治。①温室消毒。栽苗前，每亩用 45％百菌清烟剂 200～300 克熏焖，进行室内和表土消毒。②发病初期，可选 10％苯醚甲环唑可湿性粉剂 1500～2000 倍液，或 2％武夷菌素水剂 500 倍液，或 250 克/升嘧菌酯悬浮剂 800～1000 倍液交替使用，间隔 7～10 天，视病情防治 3～4 次。如遇阴雨雪天气，每亩可用 45％百菌清烟熏剂 1 千克烟熏，每 7～10天烟熏 1 次，可与喷雾剂交替使用。

(五)番茄黄化曲叶病毒病

1. 症状特征

番茄黄化曲叶病毒病是一种毁灭性病害。发生初期主要表现为上部叶片黄化(叶脉间叶肉发黄)，叶片边缘上卷，叶片变小，叶尖向上或向下扭曲，植株生长变缓或停滞，节间缩短，明显矮化；后期有些叶片变形焦枯，心叶出现黄绿不均斑块，且有凹凸不平的皱缩或变形，严重时叶片变小，果实变小(见图 4-111)。

图 4-111 番茄黄化曲叶病毒病整株危害症状

2. 防治措施

(1)农业防治。①选用抗病品种。大果型品种抗病性明显。②防止种苗传毒。购买健康植株，防止种苗传毒。

(2)药剂防治。用 10％吡虫啉可湿性粉剂 1000 倍液，或 3％啶虫脒乳油 2000 倍液，或 20％噻嗪酮可湿性粉剂1500 倍液喷雾防治烟粉虱。配合利用 10％异丙威烟剂，每亩 500 克熏棚，可杀死。

(3)物理防治。

①采用 50～60 目防虫网覆盖栽培，防止烟粉虱进入温室内传播病毒。②采用黄板诱杀技术诱杀烟粉虱成虫。在植株上方 20 厘米处挂黄色诱虫板，每亩挂 25～30 块。

三、辣椒

(一)辣椒疫病

1. 症状特征

苗期和成株期均可染病。苗期染病，茎基部靠近地面处出现水渍状腐烂，暗绿色，后呈猝倒或立枯状死亡。成株期染病，叶片上出现暗绿色、边缘不明显的圆形斑，叶片顶腐，病斑周围褪绿变黄(见图 4-112)；枝条及茎部染病，产生近黑色条斑，多从基部开始发病，病部常软腐，病部以上枝叶很快枯死（见图 4-113），高湿时病部产生白霉；果实染病多从蒂部开始发病，形成暗绿色水渍状斑，边缘不明显，果变褐、软腐（见图 4-114）。

图 4-112　辣椒疫病叶片被害症状

图 4-113　辣椒疫病茎部被害症状　　图 4-114　辣椒疫病果实为害状

2. 防治措施

（1）农业防治。①合理轮作。实行 2～3 年轮作，最好与十字花科蔬菜轮作。②科学管理。深沟高畦，合理密植，施足基肥（充分腐熟的农家肥），增施磷、钾肥，适控氮肥，并做到合理用水。

（2）药剂防治。①可用 50％福美双可湿性粉剂与 50％克菌丹可湿性粉剂等量混合，按每平方米用 8～10 克，加 20 千克干细土制成药土，用 2/3 垫种，1/3 盖种。②每亩用 72.2％霜霉威水剂 80～100 毫升，或 25％嘧菌酯悬浮剂 35～48 毫升、

52.5％恶酮·霜脲氰可湿性粉剂 35～40 克兑水均匀喷雾。间隔 7～10 天，视病情防治 2～3 次。

(二)辣椒炭疽病

炭疽病是辣椒的一种常见病害，各地普遍发生，通常减产 20％～30％，严重地区也有减产 50％以上的。叶、果均可能受害。

1. 症状特征

发病初期叶片上出现水浸状褪绿斑，渐渐变成圆形病斑，中央灰白色，长有轮纹状黑色小点，边缘褐色。生长后期危害果实，成熟果受害较重，病斑长圆形或不规则形，褐色，水浸状，病部凹陷，上面常有不规则形隆起轮纹，密生黑色小点，空气湿度高时，边缘出现浸润圈。环境干燥时，病部组织失水变薄，很容易破裂（见图 4-115）。茎及果梗受害，病斑褐色凹陷，呈不规则形，表皮易破裂。

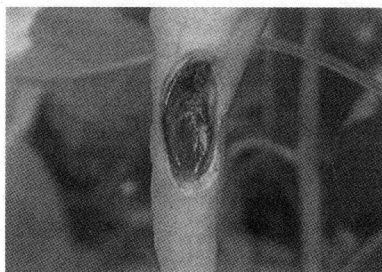

图 4-115　辣椒炭疽病果实为害状

2. 防治措施

(1)农业防治。①选种抗病品种。②合理轮作。实行 2～3 年以上轮作，前茬最好是瓜类蔬菜或豆类蔬菜。③加强栽培管理。定植前深翻土地，多施优质腐熟有机肥，增施磷、钾肥；避免栽植过密，采用高畦栽培、地膜覆盖。④适时采收，发现病果及时摘除。

(2)药剂防治。①药剂拌种：用 2.5％咯菌腈悬浮种衣剂

10 毫升加水 150 毫升，混匀后可拌种 5 千克，包衣后播种。②喷雾防治：发病初期，可用 50％咪鲜胺乳油 1000～1500 倍液，或 80％代森锰锌可湿性粉剂 600～800 倍液，或 75％百菌清可湿性粉剂 1000 倍液，或 50％多菌灵可湿性粉剂 500 倍液均匀喷雾。间隔 7～10 天，视病情防治 2～3 次。

（3）生物防治。温汤浸种，用 55℃温水浸种 10 分钟，转冷水冷却，催芽播种；或先在清水中浸 6～15 小时，再用 1％硫酸铜液浸 5 分钟，拌草木灰中和酸性后再行播种。

（三）辣椒病毒病

病毒病为辣椒重要病害，分布广泛，发生普遍。一般减产 30％左右，严重的高达 60％，甚至绝产。

1. 症状特征

常见症状有花叶、畸形和丛簇、条斑坏死等。花叶型病叶出现浓绿与淡绿相间的斑驳，叶片皱缩，易脆裂，或产生褐色坏死斑。叶片畸形和丛簇型，在初发时心叶叶脉褪绿，逐渐形成浓淡相间的斑驳，叶片皱缩变厚，并产生大型黄褐色坏死斑。叶缘上卷，幼叶狭窄如线状，病株明显矮化，节间缩短，上部叶呈丛簇状（见图 4-116）。果实感病后出现黄绿色镶嵌花斑，有疣状突起，果实凹凸不平或形成褐色坏死斑，果实变小，畸形，易脱落。条斑坏死型的叶片主脉出现黑褐色坏死，病情沿叶柄扩展到枝、主茎及生长点，出现系统坏死性条斑，植株明显矮化，造成落叶、落花、落果。

2. 防治措施

（1）农业防治。①选用抗耐病品种。种子用 10％磷酸钠溶液浸泡 20～30 分钟后洗净催芽。②施足底肥，采用地膜覆盖栽培，适时播种，培育壮苗。③生长期加强管理，高温季节勤浇小水。④夏季种植采用遮阳网覆盖，或与高秆遮阴作物间作，改善田间小气候。

图 4-116 辣椒病毒病危害症状

（2）药剂防治。①防治蚜虫预防病毒病。见蔬菜蚜虫防治措施。②喷雾防治病毒病。可用 20％吗胍·乙酸铜可湿性粉剂 500 倍液，或 0.5％菇类蛋白多糖水剂 400 倍液均匀喷雾防治。

四、菜豆

（一）菜豆细菌性疫病

1. 症状特征

主要侵染叶和豆荚，也侵染茎蔓和种子。带菌种子出苗后，子叶呈棕褐色溃疡斑，或在着生小叶的节上及第二片叶柄基部产生水渍状斑，扩大后为红褐色溃疡斑，病斑绕茎扩展，幼苗即折断干枯；成株期，叶片染病，始于叶尖或叶缘，初呈暗绿色油渍状小斑点，后扩展为不规则形褐斑，病组织变薄近透明，周围有黄色晕圈，发病重的病斑连合，终致全叶变黑枯凋或扭曲畸形（见图 4-117）。茎蔓染病，生红褐色溃疡状条斑，稍凹陷，绕茎一周后，致上部茎叶枯萎。豆荚染病，初也生暗绿色油渍状小斑，后扩大为稍凹陷的圆形至不规则形褐斑，严重时豆荚皱缩。种子染病，种皮皱缩或产生黑色凹陷斑。

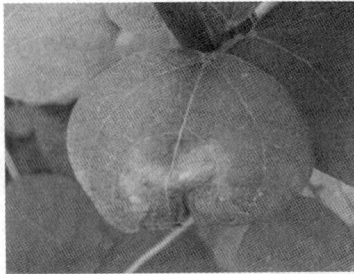

图 4-117　菜豆细菌性疫病叶片危害症状

2. 防治措施

(1)农业防治。①收获后彻底清除病残体，集中销毁，并深翻、晒土晾地，减少越冬病菌。②加强栽培管理。避免田间湿度过大，减少田间结露的条件。

(2)药剂防治。①种子消毒：用 55℃恒温水浸种 15 分钟捞出后移入冷水中冷却，或用种子重 0.3％的 50％福美双可湿性粉剂拌种，或用 72％农用硫酸链霉素可溶性粉剂 500 倍液浸种 24 小时。②发病初期，用 77％氢氧化铜可湿性粉剂 500倍液，或 20％噻菌铜悬浮液 600 倍液，或 30％琥胶肥酸铜可湿性粉剂 500 倍液，或 72％农用硫酸链霉素可溶性粉剂3000～4000 倍液均匀喷雾防治。间隔 7～10 天，视病情防治2～3次。

五、白菜

(一)白菜霜霉病

白菜霜霉病在全国各地普遍发生，是白菜三大病害之一。

1. 症状特征

此病主要危害叶片，也能为害植株茎、花梗和种荚，整个生育期均可发病。大白菜莲座期叶片外叶开始染病，发病初期叶片背面出现淡绿色水渍状斑点，后扩大成黄褐色，病斑受叶脉阻隔成多角形，潮湿时叶片背面生白色霜霉状物（见图4-118）。大白菜进入包心期后病情加速，从外叶向内发展，严重时脱落。留种植株发病，花梗肥肿、弯曲畸形、花瓣变绿，不易脱落，可长出白色霉状物，导致结实不良。

2.防治措施

（1）农业防治。①选择抗病品种。②重病地与非十字花科蔬菜轮作2年以上。③加强栽培管理。提倡深沟高畦，密度适宜，及时清理水沟，保持排灌畅通；施足有机肥，适当增施磷、钾肥。

（2）药剂防治。发病初期，每亩用25％嘧菌酯悬浮剂30毫升或50％烯酰吗啉可湿性粉剂40克兑水均匀喷雾。间隔7～10天，视病情防治2～3次。

图4-118　白菜霜霉病叶片背面危害症状

（二）白菜软腐病

1.症状特征

常见症状是在植株外叶上，叶柄基部与根茎交界处先发病，初水渍状，后变灰褐色腐烂，病叶瘫倒露出叶球，俗称"脱帮子"，并伴有恶臭；另一种常见症状是病菌先从菜心基部开始侵入引起发病，而植株外生长正常，心叶逐渐向外腐烂发展，充满黄色黏液，病株用手一拨即起，俗称"烂疙瘩"，湿度大时腐烂并发出恶臭(见图 4-119)。

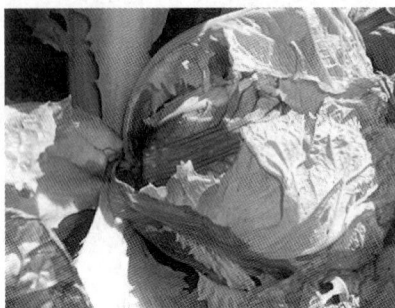

图 4-119　大白菜软腐病危害症状

2. 防治措施

(1)农业防治。①选用抗病品种。②避免与十字花科、葫芦科、茄科蔬菜连作。③播种前 2～3 周深翻晒垄，促进病残体腐烂分解。④加强栽培管理。选择地势高、地下水位低和比较肥沃的地种植；适期晚播，高垄栽培；增施有机肥；发现病株及时拔除，并用生石灰消毒。

(2)药剂防治。发病初期，每亩用 46.1% 氢氧化铜水分散粒剂 20 克或 47% 春雷霉素·王铜可湿性粉剂 80 克兑水均匀喷雾。间隔 7～10 天，视病情防治 2～3 次。

(三)白菜病毒病

1. 症状特征

幼苗发病，心叶出现明脉或沿叶脉失绿，接着产生淡绿色与浓绿色相间的花叶或斑驳症状，继而心叶扭曲，皱缩畸形，停止生长，病株往往不能正常包心。成株期发病，受害较轻或后期染病植株虽能结球，但表现不同程度的皱缩、矮化或半边皱缩、叶球外黄化、内部叶片的叶脉和叶柄处出现小褐色病斑。叶球商品性差，不易煮烂。病株常不能抽薹而死亡。若能抽薹，花梗短小，结荚少，籽粒不饱满，发芽率低(见图 4-120)。

图 4-120　大白菜病毒病危害症状

2. 防治措施

（1）农业防治。①选用抗病品种。②肥水管理。施足基肥，增施磷、钾肥，控制少量氮肥。苗期遇高温干旱季节，必须勤浇水，降温保湿，促进白菜植株根系生长，提高抗病能力。③及时防治蚜虫。在蚜虫发生初期及时用吡虫啉等农药防治。在苗期 7 叶前每隔 7～10 天防治蚜虫 1 次，也可用银灰色遮阳网或 22 目防虫网育苗避蚜防病。

（2）药剂防治。发病初期，可用 0.5% 菇类蛋白多糖水剂 300 倍液，或 20% 吗啉胍·乙酮可湿性粉剂 500 倍液均匀喷雾。间隔 7～10 天，视病情防治 2～3 次。

六、其他蔬菜虫害

（一）蔬菜蚜虫

常见的蔬菜蚜虫有桃蚜、萝卜蚜和甘蓝蚜 3 种。

1. 症状特征

萝卜蚜、甘蓝蚜主要危害十字花科蔬菜，前者喜食叶面毛多而蜡质少的蔬菜，如白菜、萝卜，后者偏食叶面光滑、蜡质多的蔬菜，如甘蓝、花椰菜。桃蚜除了危害十字花科蔬菜外，还危害番茄、马铃薯、辣椒、菠菜等蔬菜。菜蚜成蚜和若蚜群集在寄主嫩叶背面、嫩茎和嫩尖上刺吸汁液，造成叶片卷缩变形，影响包心，大量分泌蜜露污染蔬菜，诱发煤污病，影响叶片光合作用（见图 4-121）。同时危害留种植株嫩茎叶、花梗及嫩荚，使之不能正常抽薹、开花、结实。此外，蚜虫还传播多种病毒病，造成的危害远远大于蚜害本身。

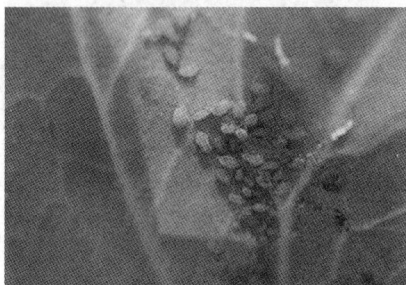

图 4-121　菜蚜危害症状

2. 防治措施

（1）物理防治。①银灰膜避蚜。苗床四周铺宽约 15 厘米的银灰色薄膜，苗床上方挂银灰薄膜条，可避蚜，防病毒病。在菜田间隔铺设银灰膜条，可减少有翅蚜迁入传毒。②黄板诱杀。棚室内设置涂有黏着剂的黄板诱杀蚜虫。黄板规格 30 厘米×20 厘米，悬挂于植株上方 10～15 厘米处，每亩 20～30 块。

（2）药剂防治。①每亩用 3％除虫菊素微囊悬浮剂 20 克、10％吡虫啉可湿性粉剂 30 克，或 25％噻虫嗪水分散粒剂 3 克，或 15％哒螨灵乳油 15～20 毫升，或 5％啶虫脒乳油 15～20 毫升兑水均匀喷雾，间隔 10～15 天，视虫情防治 2～3 次。②保护地可选用灭蚜烟剂，每亩用 400～500 克，分散放 4～5 堆，用暗火点燃，冒烟后密闭 3 小时，杀蚜效果在 90％以上。

（二）葱蓟马

1. 症状特征

成虫、幼虫以锉吸式口器为害洋葱或大葱心叶、嫩芽及韭菜叶，受害处出现长条状白斑，严重时葱叶扭曲枯黄（见图4-122）。

图 4-122　葱蓟马危害症状

2. 防治措施

(1)农业防治。①清除田间枯枝残叶，减少越冬基数。②勤浇水、勤锄草，以减轻为害。

(2)药剂防治。每亩可用 25％噻虫嗪水分散粒剂 4 克，或3％啶虫脒乳油 50 毫升，或 10％吡虫啉可湿性粉剂 10 克兑水均匀喷雾。间隔 6～7 天，视虫情防治 2～3 次。

(3)物理防治。蓝板诱杀，棚室内设置涂有黏着剂的蓝板诱杀蚜虫，蓝板规格 25 厘米×40 厘米，悬挂于植株上方 10～15 厘米处，每亩 20～30 块。

(三)红蜘蛛

红蜘蛛是危害蔬菜的红色叶螨的统称，是包括朱砂叶螨、截形叶螨的复合种群。各地均有分布，以朱砂叶螨和截形叶螨危害最重。前者主要危害瓜类，后者主要危害茄子、豆类等蔬菜。

1. 症状特征

成螨和若螨群集叶背，常结丝网，吸食汁液。被害叶片初时出现白色小斑点，后褪绿为黄白色。严重时锈褐色，似火烧状，俗称"火龙"。被害叶片最后枯焦脱落，甚至整株枯死(见图 4-123)。茄果受害后，果实僵硬，果皮粗糙，呈灰白色。

图 4-123　叶螨危害症状

2. 防治措施

(1)农业防治。①从早春起不断清除田间、地头、渠边杂草，可显著抑制其发生。②收获后，彻底清除田间残枝落叶、减少越冬螨源。秋季深翻菜地，破坏其越冬场所。③合理灌溉，适当施用氮肥，增施磷肥，促进蔬菜健壮生长，提高抗螨能力。

(2)药剂防治。可用 15% 哒螨灵乳油 1500 倍液，或 2% 阿维菌素乳油 3000～4000 倍液均匀喷雾防治。用药间隔7～10 天，视虫情防治1～3 次。

(四)菜蛾

菜蛾，属鳞翅目菜蛾科，又名小菜蛾，是十字花科蔬菜上最普遍和最严重的害虫之一。

1. 症状特征

初龄幼虫仅能取食叶肉，留下表皮，在菜叶上形成一个透明的斑，农民称为"开天窗"，3～4 龄幼虫可将菜叶食成孔洞和缺刻，严重时全叶被吃成网状(见图 4-124)。在苗期常集中心叶为害，影响包心。在留种菜上，为害嫩茎、幼荚和籽粒，影响结实。

图 4-124 菜蛾幼虫危害症状

2. 防治措施

(1)农业防治。①合理布局,避免十字花科蔬菜周年连作。②蔬菜收获后及时处理残株败叶或立即耕翻,可消灭大量虫源。

(2)药剂防治。在卵盛期,每亩用 10％虫螨腈悬浮剂 30 毫升,或 15％茚虫威悬浮剂 30 毫升,或 24％甲氧虫酰肼悬浮剂 20～30 毫升,或 5％氯虫苯甲酰胺悬浮剂 30～55 毫升,或 2.5％多杀霉素悬浮剂 50 毫升,兑水均匀喷雾。间隔 7 天,视虫情防治 2～3 次。

(3)物理防治。安装频振式杀虫灯诱杀成虫。

(4)生物防治。可用苏云金杆菌乳剂 500～800 倍液均匀喷雾防治。

(五)菜粉蝶

菜粉蝶,属鳞翅目,粉蝶科,幼虫称菜青虫。

1. 症状特征

以幼虫食叶危害。2 龄前只能啃食叶肉,留下一层透明的表皮;3 龄后可食整个叶片,轻则虫口累累,重则仅剩叶脉,影响植株生长发育和包心,造成减产。此外,虫粪污染花菜球茎,降低商品价值(见图 4-125)。在白菜上,虫口还能导致软腐病。

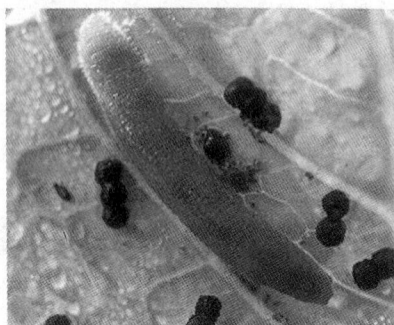

图 4-125　菜粉蝶幼虫为害大白菜叶片症状

2. 防治措施

(1)农业防治。清洁田园,收获后及时处理残株、老叶和杂草,减少虫源。耕地细耙,减少越冬虫源。

(2)药剂防治。参考菜蛾防治。

(3)生物防治。可用苏云金杆菌乳剂 500～800 倍液均匀喷雾防治。

(六)甜菜夜蛾

甜菜夜蛾,属鳞翅目,夜蛾科,是一种世界性分布、间歇性大发生、以危害蔬菜为主的杂食性害虫。

1. 症状特征

初孵化幼虫群集叶背取食叶肉,吐丝结网,在其内取食叶肉,留下表皮,成透明的小孔。3 龄后将叶片吃成孔洞或缺刻,严重时剩叶脉和叶柄,致使菜苗死亡,造成缺苗断垄,甚至毁种(见图 4-126、图 4-127)。3 龄以上的幼虫尚可钻蛀青椒、番茄果实,造成落果、烂果。

2. 防治措施

(1)农业防治。秋耕或冬耕,可消灭部分越冬蛹。

(2)药剂防治。参考菜蛾防治。

图 4-126　甜菜夜蛾幼虫绿色型
　　　　　危害症状

图 4-127　甜菜夜蛾幼虫黑色型

（3）物理防治。①采用频振式杀虫灯诱杀成虫。②采用性诱剂诱杀成虫。

（七）粉虱

危害蔬菜的粉虱主要有温室白粉虱和烟粉虱，都属于同翅目，粉虱科。分布广泛，可危害十字花科、葫芦科、豆科等多种蔬菜。两者成虫的主要区别在于，温室白粉虱左右翅合拢平坦（见图 4-128），烟粉虱左右翅合拢呈屋脊状（见图 4-129）。

图 4-128　温室白粉虱成虫

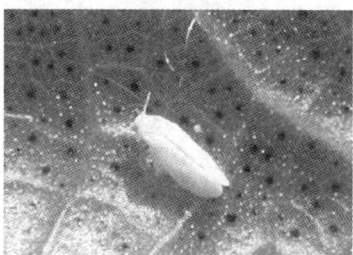

图 4-129　烟粉虱成虫

1. 症状特征

温室白粉虱和烟粉虱通常群集在叶背刺吸植物汁液为害（见图 4-130、图 4-131）。被害叶片褪绿变黄、萎蔫或枯死。

成虫和若虫分泌的蜜露诱发煤污病，影响叶片光合作用，污染叶片和果实，严重时使蔬菜失去商品价值。另外，两种粉虱均可传播多种病毒病。

图 4-130　粉虱为害南瓜叶片症状

图 4-131　粉虱为害番茄叶片症状

2. 防治措施

（1）农业防治。①注意换茬。在保护地秋冬茬栽培白粉虱不喜好的半耐寒叶菜，如芹菜、韭菜、生菜等，从越冬环节上切断其自然生活史。②培育无虫苗。冬春季加温苗房避免混栽，清除残株、杂草和熏蒸残存成虫，在门口和通风口设置防虫网，控制外来虫源。

（2）药剂防治。①熏烟法：每亩用 22% 敌敌畏烟熏剂 0.5 千克，于傍晚密闭熏杀成虫，或每亩用 80% 敌敌畏乳油 0.3～0.4 千克，加锯末适量点燃（无明火）熏杀。②喷雾法：害虫发生初期，每亩用 10% 吡虫啉可湿性粉剂 1000～1500 倍液，或 1.8% 阿维菌素乳油 2000～3000 倍液，或 25% 噻嗪酮可湿性粉剂 1500 倍液，或 2.5% 联苯菊酯乳油 1000～1500 倍液、2.5% 高效氯氟氰菊酯乳油 2000～3000 倍液等喷雾防治，间隔 10 天。

（3）物理防治。黄板诱杀。在粉虱发生初期，将涂有黏着剂的黄板，均匀悬挂于植株上方，黄板底部与植株顶端相平，或略高于植株顶端，每田 20～30 块。

(八)美洲斑潜蝇

美洲斑潜蝇，属双翅目，潜蝇科，主要危害黄瓜、西葫芦、辣椒、番茄、马铃薯、茄子、菜豆、豇豆、蚕豆、豌豆，以及萝卜、白菜、芹菜等多种蔬菜。

1. 症状特征

幼虫、成虫均可危害。幼虫钻入叶片取食叶肉组织，形成的潜道通常为白色，带湿黑或干褐区域，典型的蛇形，盘绕紧密，形状不规则（见图 4-132）。成虫产卵、取食也造成伤斑，严重时叶片脱落。叶菜类被害后不能食用。同时，虫体活动还能传播病毒，叶片被害留下的伤口也为一些病菌的侵入提供条件。

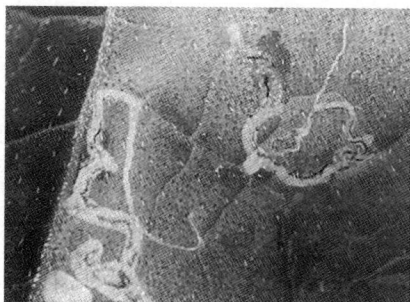

图 4-132　美洲斑潜蝇为害状

2. 防治措施

(1)农业防治。收获后及时清除寄主残体，夏季大棚蔬菜换茬时灌水高温闷棚 5 天以上，减少虫源。

(2)药剂防治。在成虫高峰期至卵孵化盛期或低龄幼虫高峰期中，瓜类、茄果类、豆类蔬菜某叶片有幼虫 5 头、幼虫 2 龄前、虫道很小时，用 2% 阿维菌素乳油 3000～4000 倍液，或 4.5% 高效氯氰菊酯乳油 1500 倍液喷雾防治。

(3)物理防治。黄板诱杀，在成虫发生盛期，每亩设置黄板 20～30 块。

第七节　主要果树病虫害识别与防治

一、苹果病虫害的防治

在我国，危害苹果树的害虫有多种。其中，经常引发较大危害的有红蜘蛛类、蚜虫类和桃小食心虫等；危害苹果树的病害比较严重的有苹果腐烂病、苹果轮纹病和苹果炭疽病等。苹果主要病虫害的防治要点如下。

（一）苹果腐烂病

1. 症状

苹果的枝干均能发病，发病初期，病部树皮呈红褐色、水渍状，稍隆起，病斑呈圆形或不规则形，病组织松软，手压易陷，流黄褐色汁液，有酒糟味，病皮易剥离。后来病部干缩下陷，变成黑褐色，表面有许多突起的小黑点，雨后或空气湿度大时，可涌出橘黄色、卷须状的物质。

2. 防治要点

（1）加强栽培管理，提高树体抗病能力，改善立地条件，增施有机肥，合理搭配磷、钾肥，避免偏施氮肥。

（2）清除病残体，减少菌源将病树皮、病枯枝等清除干净，集中烧毁，以减少田间病源。

（3）喷药防病早春发芽前，喷洒40%福美胂100～200倍液。对重病树，在夏季7月上、中旬可用40%福美胂50倍液对主干、大枝中下部涂刷；秋季采收后再喷一遍福美胂500倍液。

（4）加强检查，及时治疗常用：①刮治。将坏死组织彻底刮除，周围刮去0.5～1厘米好皮，深达木质部，边缘切成立茬。刮后涂抹消毒剂，可用 40％福美胂 50 倍液加 2％平平加，或 10 波美度石硫合剂。②涂治。用刮刀在病斑外 1 厘米处划一隔离圈，然后在病斑上纵横划道，深达木质部。之后涂药杀菌，可用 40％福美胂 0.1 千克＋平平加 0.1 千克＋水 5 千克配制而成的混合液。

(二)苹果轮纹病

1. 症状

枝干受害以皮孔为中心，产生红褐色近圆形或不定形的硬质病斑，中心隆起，病、健交界处环裂后，病斑呈马鞍状。许多病斑相连，造成树皮粗糙。果实受害后，以皮孔为中心生成水渍状褐色同心轮纹斑，中心表皮下可散生黑色粒点。

2. 防治要点

(1)加强栽培管理，提高树体抗病力。

(2)减少菌源在休眠期刮除枝干上的病瘤，清扫病果。并于发芽前全树喷 35％轮纹铲除剂 100～200 倍液等效果较好。

(3)药剂防治在果树落花后 15 天开始至 8 月上旬，每 15～20 天喷 1 次保护剂或内吸性杀菌剂，以保护果实和枝干。幼果期可喷洒 61％花麦特 800～1000 倍液或 35％轮纹铲除剂 400 倍液等。果实膨大后，可喷施 1∶2∶240 倍波尔多液，或 50％轮炭必克 1500～2000 倍液。

(4)果实套袋可防治轮纹病。

(5)储藏果的处理采果后 10 天内用仲丁胺 100～200 倍液浸果 1～3 分钟，储藏期间窖内温度控制为 1～2℃。

(三)苹果炭疽病

1. 症状

主要危害果实，也可危害叶片和新梢。果实发病后，病斑呈圆形、褐色、凹陷，腐烂部呈漏斗状、味苦，斑上有同心轮纹排列的小黑点。

2. 防治要点

(1)减少菌源结合冬剪,剪掉病枯枝、病僵果和病果台等,减少初侵染菌源;生长季节及时摘除病果,清除落果,减少再侵染菌源。

(2)加强栽培管理,增施有机肥与磷钾肥,改善树冠通风透光条件,控制结果量,中耕除草,及时排水,果园周围 50米以内不种植刺槐树。

(3)药剂防治,苹果落花后 1 周开始,每 15 天左右喷药 1次,至 8 月中旬止。药剂可用 61％花麦特 800～1000 倍液、95％乙膦铝 80 倍液或 80％炭疽福美胂 500～600 倍液等。

(四)苹果早期落叶病

1. 症状

叶片发病后,褐斑病的病斑呈暗褐色,边缘不整齐,呈同心轮纹状或针刺状。圆斑病的病斑呈圆形,褐色,病、健交界明显,中央有一个小黑点。灰斑病的病斑呈圆形,灰褐色至灰白色,斑上散生小黑点。轮斑病的病斑略呈圆形,较大,褐色,有明显的深浅交错的同心轮纹。多发生在叶片边缘,潮湿时病斑背面产生黑色霉层。

2. 防治要点

(1)减少菌源,秋末冬初彻底清扫落叶和其他病残体,并集中烧掉或深埋。

(2)加强栽培管理,避免偏施氮肥,控制结果量,雨季及时排水,合理修剪,保持树冠内膛通风透光良好。

(3)药剂防治,一般幼树可于 5 月上旬、6 月上旬、7 月上旬各喷 1 次药,多雨年份 8 月份再增加 1 次。结果期可结合防治轮纹病、炭疽病同时进行。常用药剂有 1：2：200 波尔多液

(有些苹果品种勿用，如金帅等)、80％必得利 Mz－120 600～800 倍液或 80％代森锰锌可湿性粉剂 800 倍液等，喷药时要均匀周到。

（五）桃小食心虫

1. 症状

桃小食心虫危害苹果，多从果实胴部或顶部蛀入，经 2 天左右，从蛀果孔流出透明的水珠状果胶，俗称"淌眼泪"，不久干涸成白色蜡状物。幼虫蛀入后在皮下及果内纵横潜食，果面上凹凸不平呈畸形，俗称"猴头果"。近成熟果实受害，果形不变，但虫道中充满虫粪，俗称"豆沙馅"。

2. 防治要点

（1）地面防治，在越冬幼虫出土期时，开始在树盘上喷药，隔 10～15 天再喷一次。常用 50％二嗪农乳油 500 倍液等防治。

（2）树上防治，消灭卵和初孵化幼虫，应在孵化盛期进行喷布。常用青虫菌 6 号和灭幼脲 500～1000 倍液。

（3）性诱剂诱杀成虫。

（4）人工防治，采用筛茧、埋茧、晒茧、刷茧和摘虫果等措施减少各变态阶段的虫源数量。

（六）红蜘蛛类

1. 症状

山楂红蜘蛛吸食枝叶和萌芽的汁液，猖獗年份也可危害幼果。叶片受害后成失绿斑点，重者提前脱落，但苹果红蜘蛛危害的叶片不提早落叶，芽受害后，花芽不能形成。

2. 防治要点

（1）人工防治。越冬前，在树干上 40～50 厘米处绑扎草把诱其越冬，出蛰前拿下烧掉；幼树此时在树干周围 40 厘米范围内，培土 20 厘米左右，拍打结实。

（2）药剂防治。关键时期分别喷施"花前药""花后药""关键药""秋防药"。选用药剂 20％螨死净或 15％扫螨净等。

（3）生物防治。于 5 月下旬到 6 月中旬，可释放异色瓢虫、中华草蛉等来控制叶螨。

（七）蚜虫类

1. 症状

绣线菊蚜又名苹果黄蚜，群集危害新梢、嫩芽和叶片。被害叶背弯曲横卷、失绿。苹果瘤蚜又名苹果卷叶蚜，以刺吸新梢、嫩叶和幼果。新芽被害后叶片不能展开；叶片受害，叶缘向背面纵卷。

2. 防治要点

（1）人工防治。结合冬剪，剪除苹果瘤蚜为害的枝条；生长季节，早期及时剪除被害新梢。

（2）药剂防治。在萌芽前喷洒 5％矿物油乳剂能兼治红蜘蛛、介壳虫等。于若蚜危害初期，将主干环剥老皮 6 厘米，涂抹内吸剂。另外于 5～6 月份用 50％辟蚜雾 2000 倍液等进行喷药。

（3）利用天敌。利用七星瓢虫、大草蛉、蚜茧蜂、黑带食蚜蝇等苹果蚜虫天敌来控制蚜虫。

二、梨病虫害的防治

（一）黄粉蚜
危害梨果实、枝干和果台枝。

1. 症状

以成虫、若虫危害，梨果实受害处产生黄斑稍下陷，黄斑周缘产生褐色晕圈，最后变成褐色斑，造成果实腐烂。

2. 防治方法

(1)农业防治：刮树皮和翘皮以杀死越冬卵。

(2)药剂防治：在 7～8 月份喷 10％吡虫啉 2000 倍液；对于采用套袋栽培的梨园应在 5 月底套袋前喷 10％吡虫啉 2000 倍液。

(二)黑星病

可以危害梨的所有组织。

1. 症状

受害处先生出黄色斑，渐渐扩大后在病斑叶背面生出黑色霉层，从正面看仍为黄色，不长黑霉。果实受害处出现黄色圆斑并稍下陷，后期长出黑色霉层。

2. 防治方法

在病害发病初期，用 80％代森锰锌可湿粉剂 600 倍液、40％杜邦福星乳油 8000～10000 倍液或 80％必备可湿性粉剂 500～600 倍液喷雾，每隔 7～10 天喷 1 次，连续喷 4～6 次，也可与波尔多液交替使用。

(三)康氏粉蚧

主要入袋害虫之一。

1. 症状

萼洼、梗洼处受害最重。被害处产生紫红色晕斑，停止生长，形成畸形果，严重时果面龟裂、干枯。

2. 防治方法

(1)农业防治：刮树皮和翘皮以杀死越冬卵。

(2)药剂防治：喷蚧螨灵 400 倍液效果明显。

三、桃病虫害的防治

桃树病虫害种类繁多，但每年发生和对生产造成影响的仅10余种。主要有细菌性穿孔病、白粉病、炭疽病、流胶病、褐腐病、根癌病等病害和蚜虫、桃小食心虫、山楂红蜘蛛、桃蛀螟等害虫。

（一）桃细菌性穿孔病

1. 症状

主要危害叶片，也侵害枝梢和果实。叶片多于5月发病，初发病叶片背面为水浸状小点，扩大后形成圆形或不规则形的病斑，紫褐色至黑褐色。幼果发病时开始出现浅褐色圆形小斑，以后颜色变深，稍凹陷；潮湿时分泌黄色黏质物，干燥时形成不规则裂纹。

2. 防治要点

（1）综合防治。加强桃园综合管理，增强树势，提高抗病能力。园址切忌建在地下水位高的地方或低洼地；土壤黏重和雨水较多时，要筑台田，改土防水；冬夏修剪时，及时剪除病枝，清扫病落叶，集中烧毁或深埋。

（2）药剂防治。芽膨大前期喷施5波美度石硫合剂或1∶1∶100波尔多液，杀灭越冬病菌；展叶后至发病前喷施65%代森锌可湿性粉剂500倍液1～2次，或72%农用链霉素可湿性粉剂3000倍液。

（二）桃白粉病

1. 症状

叶片染病后，叶正面产生褪绿性边缘极不明显的淡黄色小斑，斑上生白色粉状物，病叶呈波浪状。

2. 防治要点

(1)落叶后至发芽前彻底清除果园落叶，集中烧毁。发病初期及时摘除病果深埋。

(2)发病初期及时喷洒 50％硫黄悬浮剂 500 倍液、50％多菌灵可湿性粉剂 800～1000 倍液或 20％粉锈灵乳油 1000 倍液，均有较好防效。

(三)桃炭疽病

1. 症状

炭疽病主要危害果实，也可危害叶片和新梢。成熟期果实染病，初呈淡褐色水浸状病斑，渐扩展，红褐色，凹陷，呈同心环状皱缩，并融合成不规则大斑，病果多数脱落。

2. 防治要点

(1)加强栽培管理。多施有机肥和鳞、钾肥，适时进行夏季修剪，改善树体结构，通风透光。

(2)药剂防治。萌芽前喷 3～5 波美度石硫合剂加 80％的五氯酚钠 200～300 倍液。开花前喷施 80％炭疽福美可湿性粉剂 800 倍液或 80％甲基硫菌灵可湿性粉剂 1500 倍液。药剂最好交替使用。

(四)桃褐腐病

1. 症状

主要危害果实，也危害花、叶和新梢。被害果实、花、叶干枯后挂在树上，长期不落。果实从幼果到成熟期至储运期均可发病，但以生长后期和储运期果实发病较多、较重。果实染病后果面开始出现小的褐色斑点，后扩大为圆形褐色大斑，果肉呈浅褐色并快速腐烂。

2. 防治要点

(1)治虫。及时防治蝽象、象鼻虫、食心虫、桃蛀螟等蛀果害虫，减少伤口。

（2）药剂防治。谢花后 10 天至采收前 20 天喷施 65％代森锌 400～500 倍液、70％甲基破菌灵 800 倍液或 50％克菌丹可湿性粉剂 800～1000 倍液。

（五）桃流胶病

1. 症状

此病多发生于树干处。初期病部略膨胀，逐渐溢出半透明的胶质，雨后加重。其后胶质渐成冻胶状，失水后呈黄褐色，干燥时变为黑褐色。严重时树皮开裂，皮层坏死，生长衰弱，叶色变黄，果小苦味，甚至枝干枯死。

2. 防治要点

（1）剪锯口、病斑刮除后涂抹 843 康复剂。

（2）落叶后，树干、大枝涂白，防止日灼、冻害，兼杀菌治虫。涂白剂配制方法：优质生石灰 12 千克，食盐 2～2.5 千克，大豆汁 0.5 千克，水 36 千克。先把优质生石灰化开，再加入大豆汁和食盐，搅拌成糊状。

（六）桃根癌病

1. 症状

桃树根癌病原是根癌农杆菌。癌变主要发生在根颈部，也发生于主根、侧根。发病植株水分、养分流通阻滞，地上部分生长发育受阻，树势日衰，叶薄、细瘦、色黄，严重时干枯死亡。

2. 防治要点

定植后的果树上发现病瘤时，先用快刀彻底切除癌瘤，然后用稀释 100 倍硫酸铜溶液消毒切口，再外涂波尔多液保护，也可用 5 波美度石硫合剂涂切口，外加凡士林保护，切下的病瘤应随即烧毁。

(七)桃蛀螟

1. 症状

桃蛀螟是桃树的重要蛀果害虫。幼虫孵化后多从果蒂部或果与叶及果与果相接处蛀入，蛀入后直达果心。被害果肉和果外都有大量虫粪和黄褐色胶液。幼虫老熟后多在果柄处或两果相接处化蛹。

2. 防治要点

(1)设置黑光灯诱杀成虫。

(2)各代卵期喷洒50％杀螟松乳剂1000倍液、90％晶体美曲膦酯(敌百虫)1000倍液或20％灭菊酯乳剂3000倍液等。

(3)桃园内不可间作玉米、高粱、向日葵等作物，减少虫源。

(八)梨小食心虫

1. 症状

梨小食心虫蛀食桃多为害果核附近果肉。多从上部叶柄基部蛀入髓部，向下蛀至木质化处便转移，蛀孔流胶并有虫粪，被害嫩梢渐枯萎，俗称"折梢"。

2. 防治要点

诱捕成虫。在成虫发生期，以红糖5份、醋20份、水80份的比例配制糖醋液放入园中，每隔30米左右一碗；也可用梨小食心虫性引诱剂诱杀成虫，每50米置碗一个。

四、葡萄病虫害的防治

(一)葡萄炭疽病

1. 症状

主要侵害葡萄果实，也能侵染新梢、叶片、果梗、穗轴等。果实发病，开始在果面上出现水浸状、淡褐色斑点或雪花状病斑，逐渐扩大呈圆形深褐色病斑，病斑处着生许多黑色小粒点，为病原菌的分生孢子盘，在空气潮湿时，小粒点上溢出粉红色黏胶状分生孢子团，后期病斑凹陷，病粒逐渐失水皱缩，振动时易脱落。

2. 防治要点

(1)消灭越冬菌源。结合冬季修剪，把植株上的穗柄，架面上的副梢、卷须剪除干净，集中烧毁或深埋。芽萌动后展叶前，喷5波美度石硫合剂，或50％退菌特200倍液等铲除剂。

(2)果穗套袋。于5月下旬、6月上旬幼果期(田间分生孢子出现前)，对果穗进行套袋。套前可喷600倍退菌特或800倍多菌灵液，然后将纸袋套好扎紧。

(3)药剂防治。5月中下旬用50％福美双500～600倍液，多菌灵—井冈霉素800～1000倍液，或75％百菌清500～800倍液，或科博500倍液等，连喷两遍。以后每隔10～15天喷一次，半量式波尔多液与上述杀菌剂间隔使用。

(二)葡萄霜霉病

1. 症状

主要为害叶片，也能侵染新梢、花序和幼果。叶片受害，叶面最初产生半透明、边缘不清晰的多角形斑块。空气潮湿时，病斑背面产生一层白色的霉状物，后期病斑变褐焦枯，病叶易提早脱落。花及幼果感病，呈暗绿色至深褐色，并生出白色霜状霉层，后干枯脱落。果实长到豌豆粒大时感病，最初呈现红褐色斑，然后僵化开裂。

2. 防治要点

药剂保护。波尔多液是防治此病的良好保护剂，发病前喷半量式200倍波尔多液，以后喷等量式160～200倍波尔多液，每 15～20 天一次，连喷 3～5 次。还可喷 72％克露 600 倍液，10％绿得保 500 倍液，都是防治霜霉病的特效药。

（三）葡萄黑痘病

1. 症状

主要侵染植株的新梢、嫩叶、叶柄、卷须、幼果、果梗等幼嫩部分。嫩叶感病，叶面呈现红褐色针头大小的斑点，扩大后呈圆形或不规则形，中部为浅褐色或灰褐色，边缘为深褐色病斑，后期病斑干枯破碎，常形成穿孔。幼果感病，初为深褐色斑点，逐渐扩大后变成中部灰白色、边缘紫褐色、稍凹陷的病斑，形似鸟眼状。

2. 防治要点

（1）春天芽萌动时，可喷一遍 5 波美度石硫合剂，或硫酸亚铁硫酸液（10％硫酸亚铁＋1％粗硫酸），也可喷 10％～15％硫酸铵溶液，以铲除枝蔓上的越冬菌源。

（2）在葡萄开花前后，可喷 10％绿得保 500 倍液，也可用 50％退菌特 800 倍液，50％多菌灵 800～1000 倍液，75％百菌清 500～600 倍液，可兼治白腐病、炭疽病。

（四）葡萄二黄斑叶蝉

1. 症状

全年以成虫、若虫聚集在葡萄叶的背面吸食汁液，受害叶片正面呈现密集的白色小斑点，严重时叶片苍白，致使早期落叶，影响枝条成熟和花芽分化。

2. 防治要点

掌握第一代若虫盛发期是药剂防治的关键时期，一般喷 90％美曲膦酯 800～1000 倍液或 50％辛硫磷乳油 3000 倍液，均有良好的防治效果。

(五)葡萄十星叶甲

1. 症状

以成虫及幼虫啮食葡萄叶片或芽，造成叶片穿孔，导致生长发育受阻。成虫每个翅鞘上各有5个圆形黑色斑点。

2. 防治要点

(1)农业防治。冬季清园和翻耕土壤，杀灭越冬卵；利用成虫、幼虫的假死性，清晨振动葡萄架，使成虫和幼虫落下，集中消灭。

(2)药剂防治。4~5月份在卵孵化前施药，用50%辛硫磷乳油处理树下土壤，每公顷用7.5千克，制成毒土，撒施后浅锄；低龄幼虫期和成虫产卵树冠喷10%高效氯氰菊酯乳油3000~4000倍液防治。

第八节　其他作物主要病虫害识别与防治

一、花生主要病虫害识别与防治

(一)花生叶斑病

花生叶斑病是花生生长中后期的重要病害，其发生遍及我国主要花生产区。轮作地发病轻，连作地发病重。重茬年限越长，发病越重，往往在收获季节前，叶片就提前脱落，这种早衰现象常被误认为是花生成熟的象征。花生受害后一般减产10%~20%，发病重的地块减产达40%。

1. 症状特征

花生叶斑病包括褐斑病和黑斑病，两种病害均以危害叶片为主，在田间常混合发生于同一植株甚至同一叶片上，症状相似，主要造成叶片枯死、脱落。花生发病时先从下部叶片开始出现症状，后逐渐向上部叶片蔓延，发病早期均产生褐色的小点，逐渐发展为圆形或不规则形病斑。褐斑病病斑较大，病斑周围有黄色的晕圈，而黑斑病病斑较小，颜色较褐斑病浅，边缘整齐，没有明显的晕圈。天气潮湿或长期阴雨，病斑可相互联合成不规则形大斑，叶片焦枯，严重影响光合作用。如果发生在叶柄、茎秆或果针上，轻则产生椭圆形黑褐色或褐色病斑，重则整个茎秆变黑枯死（见图 4-133、图 4-134）。

图 4-133　花生叶斑病叶片被害状　　图 4-134　花生叶斑病田间危害症状

2. 防治措施

（1）农业防治。①选用抗病品种。②轮作换茬。花生叶斑病的寄主单一，只侵染花生，尚未发现其他寄主，与禾谷类、薯类作物轮作，可以有效控制其危害，轮作周期以两年以上为宜。③清除病残体。花生收获后，要及时清除田间病残体，并深耕 30 厘米以上，将表土病菌翻入土壤底层，使病菌失去侵染能力，以减少病害初侵染来源。④合理施肥。结合整地，施足底肥，并做到有机肥、无机肥搭配，氮、磷、钾三要素配合，一般亩施有机肥 4000～5000 千克，尿素 15～20 千克，过磷酸钙 40～50 千克，硫酸钾 10～15 千克。同时在开花下针期还要进行叶面喷肥，每亩用尿素 250 克，磷酸二氢钾150 克，兑水均匀喷施。

（2）药剂防治。在发病初期，当病叶率达 10％～15％时开始施药，每亩可用 60％唑醚·代森联可分散粒剂 60～100 克，或80%代森锰锌可湿性粉剂60～75克，或50%多菌灵可湿性粉剂70～80克，或75%百菌清可湿性粉剂100～150克，每隔7～10天喷药一次，连喷2～3次。

(二)花生根腐病和茎腐病

花生根腐病和茎腐病属于土传真菌性病害。由于花生连年种植，发生和危害比较严重。一般减产15%，发病严重地块减产在30%以上，严重影响了花生的产量和品质。

1. 症状特征

(1)花生根腐病。俗称"鼠尾"，各生育期均可发病。花生播后出苗前染病，侵染刚萌发的种子，造成烂种不出苗；幼苗受害，主根变褐，植株枯萎；成株受害，主根根茎上出现凹陷长条形褐色病斑，根部腐烂易剥落，无侧根或很少，形似鼠尾(见图4-135)。地上植株矮小，叶片黄，开花结果少，且多为秕果。

(2)花生茎腐病。俗称"倒秧病""掐脖瘟"。花生生长前期和中期发病，子叶先变黑腐烂，然后侵染近地面的茎基部及地下茎，初为水浸状黄褐色病斑，后逐渐绕茎或向根茎扩展形成黑褐色病斑，地上部分叶片变浅发黄，中午打蔫，第二天又恢复，发病严重时全株萎蔫枯死(见图4-136)。

图4-135 花生根腐病危害症状　　图4-136 花生茎腐病危害症状

2.防治措施

(1)农业防治。①选用优良抗病品种。②合理轮作和套种。可与禾本科作物小麦、玉米、谷子等轮作、套种。③加强田间管理。深翻改土，合理施肥，增施腐熟的有机肥，追施草木灰；及时中耕除草，促苗早发，生长健壮，增强花生抗病能力；及时拔除田间病株，带出销毁。④花生收获后及时深翻土地，以消灭部分越冬病菌。

(2)药剂防治。种子处理：每100千克种子用25克/升咯菌腈悬浮种衣剂100毫升，或350克/升精甲霜灵种子处理乳剂80毫升兑适量水，对种子进行均匀包衣。

(三)花生白绢病

1.症状特征

花生白绢病是一种土传真菌性病害，多在成株期发生，主要危害茎基部、果柄、果荚及根。茎基病斑初期暗褐色，波纹状，逐渐凹陷，变色软腐，上被白色绢丝状菌丝层，直至植株中下部茎秆均被覆盖，最后茎秆组织呈纤维状，易折断拔起（见图4-137）。天气潮湿时，菌丝层会扩展到病株周围土壤，形成暗褐色、油菜籽状菌核。

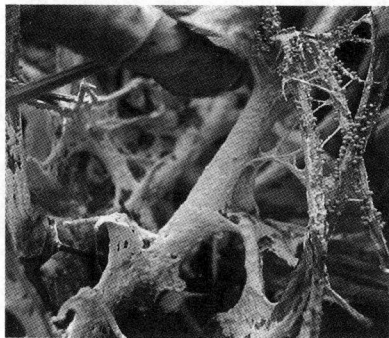

图4-137　花生白绢病危害症状

2. 防治措施

(1)农业防治。①深翻改土，加强田间管理。②花生收获前，清除病残体；收获后深翻土壤，减少田间越冬菌源。

(2)药剂防治。①种子处理：可用50%多菌灵可湿性粉剂按种子量的0.5%拌种；或用50%甲基立枯磷乳油按种子量的0.2%～0.4%混拌。②喷雾防治：在花生结荚初期，每亩用50%多菌灵可湿性粉剂100～120克兑水均匀喷雾。

(四)花生疮痂病

花生疮痂病是近几年新发现的一种真菌性病害，有逐年加重的趋势。

1. 症状特征

该病主要危害叶片、叶柄及茎部。其症状特点是各患部均表现木栓化疮痂状斑，新抽生的病叶畸形扭曲，并出现大量圆形小斑点，中部淡黄褐色，稍凹陷，边缘红褐色，表面木栓化粗糙。

(1)叶片染病。叶两面产生圆形至不规则形小斑点，边缘稍隆起，中间凹陷，叶面上病斑黄褐色，叶背面为淡红褐色，具褐色边缘(见图4-138、图4-139)。

图4-138　花生叶片背面受
疮痂病危害症状

图4-139　花生叶片正面受
疮痂病危害症状

(2)叶柄、茎部染病。初生卵圆形隆起的稍大病斑，长约3毫米，多数病斑融合时，引起叶柄及茎扭曲，上端枯死(见

图 4-140)。

田间常表现为上部叶片卷曲，似鸡爪状，茎弯曲，病株略矮化，多呈点片发生(见图 4-141)。

图 4-140　花生茎受疮痂病危害症状　　图 4-141　花生疮痂病田间危害症状

2. 防治措施

(1)农业防治。①选用高产抗病品种。②清除病残体。花生成熟后要立即收获并全部转移，不要将植株放在田内晾晒，防止病残体遗留，减少下茬发病机会。

(2)药剂防治。每亩用 30% 苯醚·丙环唑乳油 20 毫升，或 10% 苯醚甲环唑水分散粒剂 40 克，兑水均匀喷雾。

(五)花生蚜虫

花生蚜虫，俗称"蜜虫"，也叫"腻虫"，是我国花生产区的一种常发性害虫。一般减产 20%～30%，发生严重的减产 50%～60%，甚至绝产。

1. 症状特征

在花生尚未出土时，蚜虫就能钻入幼嫩枝芽上危害，花生出土后，多聚集在顶端幼嫩心叶背面吸食汁液，受害叶片严重卷曲。始花后，蚜虫多聚集在花萼管和果针上为害，使花生植株矮小，叶片卷缩，影响开花下针和正常结实。严重时，蚜虫排出大量蜜露，引起霉菌寄生，使茎叶变黑，能致全株枯死(见图 4-142)。

2. 防治措施

(1)农业防治。及早清除田间周围杂草,减少蚜虫来源。

(2)药剂防治。①种子处理:每100千克种子用70%噻虫嗪种子处理可分散粉剂200克进行种子包衣,兼治地下害虫和蓟马。②大田喷雾:每亩用2.5%溴氰菊酯乳油20~25毫升,兑水均匀喷雾,兼治棉铃虫。

(3)物理防治。用黄板20~25块/亩,于植株上方20厘米处悬挂于花生田间,可有效黏杀花生蚜虫。

(4)生物防治。保护利用瓢虫类、草蛉类、食蚜蝇类和蚜茧蜂类等天敌生物,当百墩蚜量4头左右,瓢虫:蚜虫比为1:(100~120)时,可利用瓢虫控制花生蚜的危害。

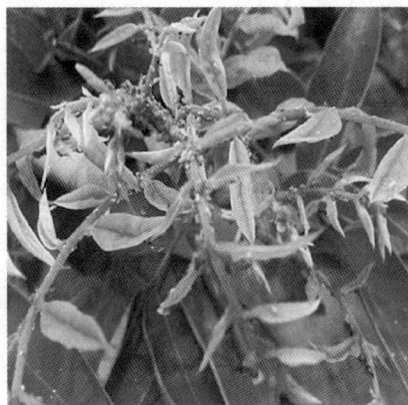

图 4-142 花生蚜虫危害状

(六)花生蛴螬

蛴螬是危害花生的重要地下害虫,不仅可造成减产,同时也可诱发病害,形成果腐病。一般减产10%~30%,发病严重的甚至减产50%~80%。

1. 危害特征

幼虫蛀食花生荚果,造成空洞和空果(见图4-143)。

2. 防治措施

(1)农业防治。①合理轮作。与非豆科作物如甘薯、玉米、水稻等作物轮作两年以上,以有效破坏蛴螬的生存环境,减轻危害。②施用腐熟有机肥。按照每立方米粪肥加入 25 千克碳酸氢铵的比例,将粪肥与化肥充分混合后密闭腐熟,播种前再将处理过的腐熟粪肥施入田间,可有效减轻蛴螬的迁入危害。③秋季深翻可将害虫翻至地面,使其暴晒而死或被鸟雀啄食,可减少越冬虫源。

(2)药剂防治。①种子处理:每 100 千克种子用 70%噻虫嗪种子处理可分散粉剂 200～300 克进行种子包衣。②撒施毒土:在花生荚果膨大期,每平方米有蛴螬 1 头以上,用 50%辛硫磷乳油 300～350 毫升兑适量水喷在 25～30 千克细沙土上拌匀制成毒土,顺垄撒施后浅锄或结合浇水。可兼治金针虫。

(3)物理防治。安装频振式杀虫灯诱杀蛴螬成虫,每 30～40 亩安装 1 台。

图 4-143 蛴螬危害花生果状

二、油菜

(一)油菜病害及防治

1. 油菜病害类型及现状

目前，全世界已知的油菜病害有 100 多种，其中在我国发现约 30 多种，包括真菌病害、病毒病害、细菌病害、线虫病害和生理病害等。病害发生严重年份可致产量损失 30%，发病严重地区可达 80%。按发生时期或发生部位，油菜病害主要类型有苗病类、茎病类、叶病类和花果病类等。

1)苗病类

已知有 21 种，中国已发现 3 种。主要有根腐病，为多种真菌引起，广泛分布于北美、欧洲、南亚和东北亚油菜生产国，中国各油菜产区均有发生，引起油菜苗根茎腐烂。猝倒病，广布于北美、欧洲及亚洲，中国也普遍发生，可致幼苗猝倒。茎腐病引起幼苗茎基腐烂，加拿大、德国发生较重。

2)茎病类

主要有菌核病、霜霉病、白锈病，患病茎部呈白漆色隆起疱斑，多呈长圆形或短条状。菌核病、霜霉病和白锈病广布于世界油菜产区。无性态可致根茎坏死，在大洋洲、欧洲、北美洲使油菜减产 20%～60%，中国目前发生较少。

3)叶病类

分布广、危害重的有菌核病、霜霉病和白锈病。另外，黑斑病广布于欧洲、北美、印度和中国。患病叶可布满黑色斑，除影响光合作用外，还直接影响结实。

4)花果病类

分布广、危害重的有霜霉病、白锈病、黑斑病等，可致花序或果荚畸形，影响结实。另外，细菌性黑斑病，可致根、茎维管束变黑，后期全株或部分枯萎。

油菜多数病害的病原菌能在种子或病残体中越冬，油菜生长期间借风雨、昆虫、流水及农事操作传播，引起再侵染，种子和土壤带菌量高，苗期低温多雨，生育后期相对湿度大于80%，地势低洼、板结、土壤缺硼、偏施氮肥，管理粗放，品种不抗病或连作地均有利发病。

此外，油菜在生长期还可能发生黄叶症、红叶病、褐色焦边叶、暗紫色症、紫蓝斑叶症等生理病害。

2．油菜病害发生规律及防治

1）油菜白锈病

此病害全国各油菜产区都有发生。以云南、贵州等高原地区和长江下游的省(市)发病较重。油菜从苗期到成株期都可发生，为害叶片、茎、花、荚。叶片发病，先在叶面出现淡绿色小点，后变黄绿色，在同处背面长出白色隆起的疱斑，一般直径为1～2毫米，有时叶面也长疱斑，发生严重时密布全叶，后期疱斑破裂，散出白粉。茎和花梗受害，显著肿大，也长白色疱斑，种荚受害肿大畸形，不能结实。叶片表面生淡绿色小病斑，叶背面病斑处长出白色疱状斑，即病原菌的孢子堆。后期疱斑表皮破裂散出白色粉状的孢子囊。茎和花序上也可生白色疱斑，并肿大弯曲呈畸形。除危害油菜外，还危害其他十字花科蔬菜。

发病规律：本病由白锈菌真菌侵染所引起。流行年份发病率达10%～50%，减产5%～20%，含油量降低1.05%～3.29%。病原菌以卵孢子在病株残体上、土壤中和种子上越夏、越冬。秋播油菜苗期卵孢子萌发产生游动孢子，借雨水溅至叶上，在水滴中萌发从气孔侵入，引起初次侵染。病斑上产生孢子囊，又随雨水传播进行再侵染。冬季以菌丝或卵孢子在寄主组织内越冬。白锈病是一种低温病害，只要水分充足，就能不断发生，连续为害。品种间抗病性有差异。

防治方法：药剂防治一般在苗期和抽薹期各喷 1~2 次药，在多雨年份，尚需适当增加喷药次数，常用药剂有 5％二硝散可湿性粉剂 200 倍液、65％代森锌可湿性粉剂 500 倍液、50％退菌特可湿性粉剂 800 倍液、50％福美双可湿性粉剂 800 倍液。

2）油菜霜霉病

油菜霜霉病是我国各油菜区重要病害，长江流域、东南沿海受害重。春油菜区发病少且轻。油菜幼菜受害，子叶和真叶背面出现淡黄色病斑，严重时苗叶和子茎变黄枯死。该病主要危害叶、茎和角果，致受害处变黄，长有白色霉状物。花梗染病顶部肿大弯曲，花瓣肥厚变绿，不结实，上生白色霜霉状物。叶片染病初现浅绿色小斑点，后扩展为多角形的黄色斑块，叶背面长出白霉。

发病规律：本病由寄生霜霉真菌芸薹属侵染所致。病菌孢子囊萌发的温度为 3~25℃，16℃有利病菌侵入，24℃有利病菌生长发育。病菌孢子囊形成和侵入需要有水滴和露水。棚室内冬季密闭性较强，昼夜温差大、湿度高，因此结露时间越长，对发病越有利，连阴雨天气或浇水后不及时放风，栽植过密或偏施氮肥，均会加重病情。

防治方法：①农业措施。与禾本科作物轮作 1~2 年，或水旱轮作；选用抗病品种；增施磷钾肥，清沟排水，适时晚播，花期摘除中下部黄病叶，减少病源，有利通风透光。②药剂防治。初花期病株率在 10％以上时，用 72％杜邦克露可湿性粉剂 800 倍液，或 1：1：200 波尔多液，或 50％托布津可湿性粉剂 1000~1500 倍液，或 25％瑞毒霉可湿性粉剂 300~600 倍液，50％退菌特可湿性粉剂 1000 倍液喷雾防治。

3）菌核病

全国各油菜产区都有发生，南方冬油菜区和东北春油菜区发生较为普遍。除危害油菜外，还危害十字花科蔬菜、烟草、向日葵和多种豆科植物。油菜各生育期及地上部各器官组织均能感病，但以开花结果期发病最多，茎部受害最重。苗期病斑多发生在地面根茎相接处，形成红褐色病斑，后变枯白色，组织湿腐，上生白色菌丝，后形成不规则形黑色菌核，幼苗死亡。成株期先在下部叶片发病，病斑圆形或不规则形，暗青色水渍状，中部黄褐色或灰褐色，有同心轮纹。茎上病斑长椭圆形、梭形、长条形，稍凹陷，浅褐色水渍状，后变白色。湿度大时病部软腐，表面也生白霉层，后生黑色菌核。后期茎表皮破裂，髓部中空，内生许多黑色鼠粪状菌核。花受害后，花瓣退色。角果感病产生不规则形白色病斑，内外部都能形成菌核，但较茎内菌核小。

发病规律：本病由核盘菌真菌侵染所引起。一般发病率为 $10\%\sim30\%$，严重者可达 80%，减产 $10\%\sim70\%$，粗脂肪含量降低 $1\%\sim5\%$。病原菌以菌核在土壤、病株残体、种子中间越夏(冬油菜区)、越冬(春油菜区)。菌核萌发产生菌丝或子囊盘和子囊孢子，菌丝直接侵染幼苗。子囊孢子随气流传播，侵染花瓣和老叶，染病花瓣落到下部叶片上，引起叶片发病。病叶腐烂搭附在茎上，或菌丝经叶柄传至茎部引起茎部发病。在各发病部位又形成菌核。菌核经越夏、越冬后，在温度 15℃ 条件下萌发，形成子囊盘、子囊和子囊孢子。子囊孢子侵入寄主最适温度为 20℃ 左右。开花期和角果发育期降水量多、阴雨连绵、相对湿度在 80% 以上有利于病害的发生和流行；偏施氮肥、地势低洼、排水不良、植株过密发病都较严重；芥菜型、甘蓝型油菜比白菜型抗病。

防治方法：①农业措施。选用抗病品种；水旱轮作或与大、小麦轮作；清除病残体，秋季深耕，春季中耕培土，摘除下部老黄叶，并带出田间；多施钾肥或草木灰，开沟排水。

②药剂防治。花期用 40%菌核净可湿性粉剂 1000～1500 倍液，或 50%速克灵可湿性粉剂 2000 倍液，或 50%多菌灵可湿性粉剂 500 倍液，或 70%甲基托布津可湿性粉剂 500～1500 倍液等药剂喷雾防治 1～2 次。

4)油菜黑斑病

各油菜产区都有发生，以长江流域和华南地区发生较多。本病由芸薹生链格孢菌、芸薹生链格孢菌和萝卜链格孢菌等真菌侵染所引起。除危害油菜外，还危害甘蓝、白菜、萝卜等十字花科蔬菜。油菜生长后期发生较多。叶上病斑黑褐色，有明显同心轮纹，外围有黄白色晕圈，潮湿时病斑上产生黑色霉层，即病原菌分生孢子梗和分生孢子。叶柄、茎和角果上病斑椭圆形或长条形，黑褐色。病果中种子不发育，角内可生菌丝体。

发病规律：病原菌以菌丝或分生孢子在病株残体上或种子内外越夏或越冬。带菌种子萌芽后，病菌侵染幼苗，越冬分生孢子或新生分生孢子，随气流传播进行再侵染。高温高湿有利于发病，特别在角果发育期多雨，极有利于孢子传播与侵染。

防治方法：①种子处理。选用无病种子，并用种子重量 0.4%的 50%福美双可湿性粉剂拌种，或用 50℃温汤浸种20～30 分钟，或用 40%甲醛(福尔马林)100 倍液浸种 25 分钟。②喷雾防治。发病初期用 65%代森锌可湿性粉剂 500～600 倍液，或 50%多菌灵可湿性粉剂 500 倍液，或 75%百菌清可湿性粉剂 600 倍液喷雾防治。

5)猝倒病

油菜出苗后，在茎基部近地面处产生水渍状斑，后缢缩折倒，湿度大时病部或土表生有白色棉絮状物，即病菌菌丝、孢囊梗和孢子囊。

发病规律：病菌以卵孢子在 12～18 厘米表土层越冬，并在土中长期存活。翌春，遇有适宜条件萌发产生孢子囊，以游动孢子或直接长出芽管侵入寄主。此外，在土中营腐生生活的菌丝也可产生孢子囊，以游动孢子侵染幼苗引起猝倒。田间的再侵染主要靠病苗上产出孢子囊及游动孢子，借灌溉水或雨水溅附到贴近地面的根茎上引致更严重的损失。病菌侵入后，在皮层薄壁细胞中扩展，菌丝蔓延于细胞间或细胞内，后在病组织内形成卵孢子越冬。病菌生长适宜温度 15～16℃，适宜发病地温 10℃，温度高于 30℃ 受到抑制，低温对寄主生长不利，但病菌尚能活动，尤其是育苗期出现低温、高湿条件，利于发病。当幼苗子叶养分基本用完，新根尚未扎实之前是感病期，这时真叶未抽出，碳水化合物不能迅速增加，抗病力弱，遇有雨、雪等连阴天或寒流侵袭，地温低，光合作用弱，幼苗呼吸作用增强，消耗加大，致幼茎细胞伸长，细胞壁变薄病菌乘机侵入，因此该病主要在幼苗长出 1～2 片叶之前发生。

防治方法：①选用耐低温、抗寒性强的品种，如蓉油 3 号等。②可用种子质量 0.2% 的 40% 拌种双粉剂拌种或土壤处理。必要时可喷洒 25% 瑞毒霉可湿性粉剂 800 倍液或 3.2% 恶甲水剂 300 倍液、95% 恶霉灵精品 4000 倍液、72% 普力克水剂 400 倍液，每平方米喷兑好的药液 2～3 升。③合理密植，及时排水、排渍，降低田间湿度，防止湿气滞留。

6）根肿病

主要危害根部，病株主根或侧根肿大、畸形、后期颜色变褐，表面粗糙，腐朽发臭，根毛很少，植株萎蔫，黄叶，严重时全株死亡。

发病规律：病原菌随病根腐烂后散入土中或存于病残体内越夏越冬，通过耕作、土壤、风雨等传播，酸性土壤（pH 5.4～6.5)适于发病，pH 7.2 以上一般不发病。土壤含水量 20%～40% 加重发病，含水量低于 18% 病菌受抑制或死亡，发病适温 19～25℃。

防治方法：①选无病田育苗，拔除病株后病穴撒石灰消毒，或用 75％五氯硝基苯 700 倍液灌根，每次 0.3～0.5 千克。②每公顷撒施消石灰 1125 千克左右。③清沟排水，降低土壤湿度。④选用抗病品种。⑤选用白菌清、敌菌丹、苯菌灵、代森锌、胶体硫等药剂防治。

7）油菜黑胫病

油菜黑胫病分布于浙江、安徽、湖北、湖南、四川及内蒙古等地，严重危害时产量损失 20％～60％，除油菜外，还危害其他十字花科蔬菜。油菜各生育期均可感病。病部主要是灰色枯斑，斑内散生许多黑色小点。子叶、幼茎上病斑形状不规则，稍凹陷，直径 2～3 毫米。幼茎病斑向下蔓延至茎基及根系，引起须根腐朽，根茎易折断。成株期叶上病斑圆形或不规则形，稍凹陷，中部灰白色。茎、根上病斑初呈灰白色长椭圆形，逐渐枯朽，上生黑色小点，植株易折断死亡。角果上病斑多从角尖开始，与茎上病斑相似。种子感病后变白皱缩，失去发病规律：病原菌为茎点霉。病菌以子囊壳和菌丝的形式在病残株中越夏和越冬，子囊壳在 10～20℃、高湿条件下放出子囊孢子，通过气流传播，成为初侵染源。潜伏在种子皮内的菌丝可随种子萌发直接蔓延、侵染子叶和幼茎。植株感病后，病斑上产生的分生孢子器放出分生孢子，借风雨传播，进行染。发病后，病部产生新的分生孢子可传播蔓延再侵染危害。病菌喜高温、高湿条件。发病适温 24～25℃，此病害潜育期仅 5～6 天即可发病。育苗期灌水多湿度大，病害尤重。此外，管理不良，苗期光照不足，播种密度过大，地面过湿，均易诱发此病害发生。

防治方法：①床土消毒做新床育苗。沿用旧床要土壤消毒，可每公顷用敌克松原粉 50 千克，或甲基托布津可湿性粉剂 5 克，或 50％福美双可湿性粉剂 10 克，与 10～15 千克干细土拌成药土，播种时垫底和盖土。②种子消毒采用无病种子。必要时要种子消毒，可用 50℃ 温水浸种 20 分钟，或用种子质量 0.4% 的 50% 福美双可湿性粉剂，或种子质量 0.2% 的 50% 托布津可湿性粉剂拌种。③农业措施。重病地与非十字花科蔬菜及芹菜进行 3 年以上轮作。高畦覆地膜栽培，施用腐熟粪肥，精细定植，尽量减少伤根。避免大水漫灌，注意雨后排水。保护地加强放风排湿。定植时严格剔除病苗，及时发现并拔除病苗，收获后彻底清除病残体，并深翻土壤。④药剂防治。发病初期，可用 75% 百菌清可湿性粉剂 600 倍液，或 60% 多福可湿性粉剂 600 倍液，或 40% 多硫悬浮剂 500 倍液，或 50% 代森铵水剂 1000 倍液，或 70% 甲基托布津可湿性粉剂 800 倍液，或 80% 新万生可湿性粉剂 500 倍液等药剂喷雾防治。

8）软腐病

油菜软腐病又名根腐病，以冬油菜区发病较重，油菜感病后茎基部产生不规则水渍状病斑，以后茎内部腐烂成空洞，溢出恶臭黏液，病株易倒伏，叶片萎蔫，籽粒不饱满，重病株多在抽薹后或苗期死亡。

发病规律：病原菌主要在病株残体内繁殖、越夏越冬，由雨水、灌溉水、昆虫传播，从伤口侵入。高温、高湿有利于发病，连续阴雨有利于病菌传播和侵入。

防治方法：①与禾本科作物实行 2～3 年轮作。②适当晚播。③防治传病昆虫。④发病初期用敌克松 500～800 倍液喷雾。

9）油菜黑腐病

河北、河南、陕西、浙江、江西、湖北、广东等省都有发生。本病由野油菜黄单胞杆菌细菌侵染所引起。发病率为 3.5%～72%，对产量影响很大。除危害油菜外，还危害白菜、甘蓝、萝卜等十字花科蔬菜。叶片发病后，病斑黄色，自叶缘向内发展，呈 Y 形，角尖向内，病斑常扩展致叶片干枯。茎、枝和花序与病斑水渍状、暗绿色变黑褐色，在病斑上出现金黄色菌脓。

发病规律：病原细菌在病株残体上或种子上越夏、越冬。通过雨水、流水和昆虫等传播，自寄主水孔或伤口侵入，在维管束内繁殖扩展蔓延，阻塞导管，水分运输受阻，引起植株萎蔫干腐。高温、高湿有利于发病。

防治方法：①种子处理。选用无病田或无病株留种，并用 0.5％代森铵液浸种 15 分钟，或 0.1％升汞水浸种 20～30 分钟，然后用清水冲洗，晾干后播种。②农业措施。与禾谷类作物轮作；清沟排水，降低田间湿度。

10)病毒病

病毒病是油菜栽培中发生普遍且危害严重的一种病害，一般发病率为 10％～30％，严重的高达 70％，致使油菜减产，品质降低，含油量降低。不同类型油菜表现不同的症状。甘蓝型油菜叶片症状以枯斑型为主，也有黄斑型和花叶型。枯斑和黄斑多呈现在老龄叶片上，并逐渐向新叶扩展。前者为油渍透明小点，继而扩展成 1～3 毫米枯斑，中心有一黑色枯点。后者为 2～5 毫米淡黄色或橙黄色、圆形或不规则形的斑块，与健全组织分界明显。花叶型症状与白菜型油菜相似，支脉表现明脉，叶片成为黄绿相间的花叶，有时出现疮斑，叶片皱缩。茎秆有明显的黑褐色条斑、轮纹斑和点状斑，植株矮化、畸形、茎薹短缩，花果丛集，角果短小扭曲，有时似鸡脚爪状。角果上有细小的黑褐色斑点，重者整株枯死。

白菜型油菜多发生在嫩叶上，心叶首先是叶脉呈半透明状，由叶片基部向尖端发展，支脉和细脉明脉显著，继而从明脉附近逐渐褪绿，使叶色深浅不一，形成花叶症状，以后生出的新叶，花叶现象更为明显，且叶片皱缩不平，致使心叶卷缩，发育受阻，抗寒力减弱，严重者往往在越冬期间死亡。发病轻者可以越冬，但株型矮化、茎薹短缩、弯曲，不能开花，或虽能开花结果，但角果密集、畸形，籽粒少且不充实，含油量降低，在正常成熟前已提前枯死。

发病规律：油菜病毒病是由多种病毒侵染所致，其中以芜菁花叶病毒为主，其次是黄瓜花叶病毒和烟草花叶病毒。病毒病不能经种子和土壤传染，但可由蚜虫和汁液摩擦传染。在田间自然条件下，桃蚜、萝卜蚜和甘蓝蚜是主要的传毒介体，蚜虫在病株上短时间取食后就具有传毒能力。芜菁花叶病毒是非持久性病毒，蚜虫传染力的获得和消失都很快。田间的有效传毒主要是依靠有翅蚜的迁飞来实现。在周年栽培十字花科蔬菜的地区，病毒病的毒源丰富，病毒也就能不断地从病株传到健株引起发病。病毒病的发生与气候关系密切，油菜苗期如遇高温干旱天气，影响油菜的正常生长，降低抗病能力，同时有利于蚜虫的大量发生和活动，引起病毒病的发生和流行；反之，则不利于其发生。

防治方法：①选用抗病品种。一般甘蓝型油菜比芥菜型、白菜型抗病性强，而且产量高。因此，要尽可能推广种植甘蓝型油菜，并选用适应当地生产的抗性较强的品种。②适时播种。要根据当地的气候、油菜品种的特性和蚜虫的发生情况来确定播种期，既要避开蚜虫的迁飞盛期，又要防止迟播减产。甘蓝型油菜一般在 9 月中、下旬播种为宜。③加强苗期管理。油菜苗期（包括苗床）要勤施肥，不要偏施氮肥；并及时间苗，除去病苗；遇旱及时灌水，促使油菜苗生长健壮，增强抗病能力。④治蚜防病。彻底治蚜是防治油菜病毒病的关键。播种前应对苗床周围的十字花科蔬菜及杂草上的蚜虫进行防治，以减少病毒来源；苗床或直播油菜分苗后，如遇天气干旱就要开始喷药治蚜，以后每隔 7 天左右喷药 1 次，连喷 2～3 次，一般每公顷用 40％氧化乐果乳油 1500 毫升或 10％大功臣可湿性粉剂 150～225 克兑水 600 千克喷雾防治。

3. 油菜病害综合治理

油菜病害种类很多，一个地区的油菜往往受多种病害的危害，而且在整个生长期中常先后或同时发生。多种病的发生和发展与油菜栽培环境条件关系十分密切，因此防治油菜病害应以农业防治措施为基础，因地制宜地配合好药剂防治的策略，从轮作、选用无病健种及种子处理、深沟窄畦防积水、科学施肥、中耕培土、田园卫生等多个方面创造有利油菜生长发育，不利病菌发生发展的环境条件，注意病害动向，达到指标时及时施药，能收到较好效果，才能保证油菜增产增收。

1）科学选择栽培方式

根据油菜的生长特点，可选择与禾本科植物轮作的方式，深沟窄畦，排渍防涝，降低土壤湿度。改善土壤营养条件，合理施用氮肥，增施磷钾肥和必要的微量元素，酸性土壤适施石灰。通过提高栽培技术增强油菜抗病能力。

2）选用抗病品种

选择抗病能力较强的品种是保障油菜高产优质的重要手段。同时，在种子处理阶段实行无毒处理或进行抗病性鉴定，通过科学筛选种子资源，保障油菜种质资源的优良。

3）化学防治

化学防治必须适时适量，科学配药，同时注意各药交替施用，以降低病害抗药性，提高用药的效果。常用高效、低毒、低残留杀菌剂，如菌核净、硫菌灵、多菌灵、腐霉利、扑海因、退菌特等。

三、高粱

(一)高粱黑穗病

1. 症状

该病一般在穗期才表现症状，极少数病株在生长前期也表现出症状，即植株矮小，节间缩短，叶片簇生，有的分蘖丛生；穗期受病雄穗，花器基部膨大，颖片增多，内含黑色粉末，受病雌穗穗形短小，基部膨大，果穗内部充满黑色粉末和扭曲的丝状物。

2. 发病规律

病菌以散落在土中、混入粪肥或新附于种子表面的冬孢子越冬，成为翌年的初侵染源，又以土壤带菌为主。在玉米 3 叶期以前，土壤温度 21～28℃，湿度在中度偏旱时最有利于病菌侵入。4～5 叶期以后的玉米受侵染少。当种子发芽，病菌也萌发，侵染幼苗，随植株的生长，最后破坏穗部，成为黑粉。连作地、耕作粗放、覆土过厚、土壤干燥都有利于侵染发病。

3. 防治方法

(1)种植抗病品种。

(2)及时摘除病瘤或拔除病株，收获后清洁田园，减少初侵染源，重病区避免连作，实行轮作。

(3)精耕细作，适期播种，促使种子发芽早，出土快，减少发病。

(二)高粱小地老虎

1. 形态特征

成虫：体长约 16～32 毫米，深褐色，前翅由内横线、外横线将全翅分为 3 段，具有显著的肾状斑、环形纹、棒状纹和2 个黑色剑状纹；后翅灰色无斑纹。

卵：半球形，乳白色变暗灰色。

幼虫：小地老虎老熟幼虫体长 41～50 毫米，灰黑色，体表布满大小不等的颗粒，臀板黄褐色，具 2 条深褐色纵带。

蛹：赤褐色，有光泽。

2. 生活习性

小地老虎在金沙县一年发生 2 代，以老熟幼虫在土中越冬。3～4 月化蛹，4～5 月羽化，第一代幼虫是危害的严重期，也是防治的重点期。成虫白天栖息在杂草、土堆等荫蔽处，夜间活动，趋化性强，喜食甜酸味汁液，对黑光灯也有明显趋性，在叶背、土块、草棒上产卵，在草类多、温暖、潮湿、杂草丛生的地方，虫头基数多。幼虫夜间危害，白天栖在幼苗附近土表下面，有假死性。

3. 危害特点

小地老虎为多食性害虫，分布广，危害重，主要以幼虫危害幼苗。幼虫将幼苗近地面的茎部咬断，使整株死亡，造成缺苗断垄。

4. 防治方法

(1)糖醋液诱杀成虫。配制方法：糖、醋、酒、水、90%美曲膦酯(敌百虫)晶体 6：1：3：1：10：1 调匀，在成虫发生期设置。

(2)利用黑光灯诱杀成虫。

(3)在作物定植前，选其喜食的灰菜、刺儿菜、苦荬菜、小旋花、百稽、艾篙、青蒿、白茅、鹅儿草等杂草堆放诱集小地老虎幼虫，然后人工捕捉，或拌入药剂毒杀。

(4)早春清除菜田及周围杂草，防止小地老虎成虫产卵。

（5）清晨在被害苗株的周围，找到潜伏的幼虫，每天捉拿，坚持 10～15 天。

（6）配制毒饵，播种后即在行间或株间进行撒施。青草毒饵：青草切碎，每 50 千克加入农药 0.3～0.5 千克，拌匀后成小堆状撒在幼苗周围，每亩用毒草 20 千克。

（7）化学防治：在地老虎 1～3 龄幼虫期，采用 48%乐斯本乳油或 48%毒死蜱 2000 倍液、2.5%溴氰菊酯乳油 1500 倍液、20%氰戊菊酯乳油 1500 倍液等地表喷雾。

（三）高粱粘虫

1. 生活习性

粘虫俗名行军虫、天马虫、剃枝虫等，具有间歇性爆发的特点，其食性较杂。主要危害玉米，以第二代为主害代，危害高峰在 6 月下旬至 7 月上旬。

粘虫只要在条件适宜的情况下，可连续繁育。成虫昼伏夜出取食、交配、产卵。喜产卵于干枯苗叶的尖部，且具有迁飞、转移为害的特性。幼虫有假死性，对农药的抗性随虫龄的增加而增加。

2. 危害特点

初孵幼虫常群集卷叶内，先吃掉卵壳，然后爬出叶面，吐丝分散，白天潜伏叶鞘、叶背或心叶中，夜间活动取食。低龄幼虫食量小，仅啃食叶肉，留下表皮，被害叶片呈白色斑点或半透明的白色条斑；3～4 龄可将叶片咬成缺刻；5 龄后进入爆食阶段，常把叶片全部吃光，留下光秆。

3. 防治方法

（1）诱杀成虫。5 月下旬第一代成虫迁入始见期，有条件的地方，在田间安装频振式杀虫灯诱杀成虫（一盏灯控制面积为 50 亩），或傍晚在田间通风处放置装有糖醋诱杀剂的盆诱杀成虫（诱剂配法：糖 3 份，醋 4 份，水 2 份，酒 1 份。按总量加入 0.2％的 90％晶体敌百虫)，盆距地面高约 2～3 尺*，每隔 5 天察看诱剂耗费程度，酌情增添或更换。通过杀灭成虫，可降低田间落卵量，减轻化学防治压力，减少用药次数和剂量，也减少农药对作物及环境的污染。

(2)草把诱卵。6 月上中旬第一代成虫迁入产卵盛期，用稻草扎成小把，捆在竹竿上，每亩 10 个左右，分别插于田间，草把略高于玉米植株，4～5 天更换一次烧掉。

(3)及时中耕除草，清洁田园，减少成虫产卵场所。

(4)药剂防治。防治粘虫的最佳时期为幼虫 3 龄前，此时幼虫食量小、危害轻、抗药力差，药剂防治效果好。当高粱百株虫量达 60 头以上时，在 2 龄幼虫盛发期进行应急连片防治。可选用90％美曲膦酯(敌百虫)可溶粉剂 120～180 克兑水75 千克喷雾，或40～50 克 30％毒死蜱微囊悬浮剂 1000～1500 倍液喷雾，或用20％氰戊菊酯乳油 3000～4000 倍液喷雾。

第九节　农作物常见杂草种类识别与防治

一、莎草科杂草识别与防治

本科特点：单子叶杂草，多年生或一年生草本。秆实心，常三棱形，无节；叶通常 3 列，有时缺，叶片狭长，有封闭的叶鞘；花小，两性或单性，生于小穗鳞片(常称为颖)的腋内，小穗复排成穗状花序、总状花序、圆锥状花序、头状花序或聚伞花序等各种花序；花被缺或为下位刚毛、丝毛或鳞片；雄蕊 1～3 枚；子房上位，1 室，有直立的胚珠 1 颗，花柱单一，细长或基部膨大而宿存，柱头 2～3；果为一瘦果或小坚果。常见有 20 余种。

---

* 1 尺≈33.33 厘米

别名：三棱草。

识别特征：多年生草本，高35～100厘米。根状茎长，横走。秆粗壮，扁三棱形，光滑。叶片少，线形，短于或有时长于秆，宽3～10毫米，先端狭尖，基部折合，全缘，上面平展，下面中肋呈龙骨状凸起。苞片3或少有4，叶状，较花序长约1倍以上，最宽处8毫米；复出长侧枝聚伞花序有4～7个第一次辐射枝，辐射枝向外展开，长短不等，最长达16厘米，每一辐射枝上有1～3个穗状花序，每一穗状花序又有5～17个小穗，花序轴疏被短硬毛；小穗排列疏松，近平展，披针形或线状披针形，长8～20毫米，宽约3毫米，有花10～30朵，小穗轴有白色透明翅；鳞片初期排列紧密，后期疏松，纸质，宽卵形，长约2.5毫米，先端钝圆或微缺，背面中肋绿色，两侧红褐色或暗红褐色，边缘透明，黄白色，有5～7条脉；雄蕊3，花药线形，药隔暗红色；花柱短，柱头2，细长，有暗红色斑纹。小坚果椭圆形或倒卵形，平凸状，长约2毫米，棕色，稍有光泽，有小点状凸起。花期7～8月，果期10～11月（见图4-144）。

图4-144　水莎草的穗和根

生境、危害：生于浅水中、水边沙地或路边湿地。部分水稻受害严重。

防治要点：同异型莎草。

(一)飘拂草

别名：笊帚草、鹅草、水虱草。

识别特征：一年生草本，无根状茎。秆丛生，高 10～60 厘米，扁四棱形，具纵槽，基部包着 1～3 个无叶片的鞘（见图 4-145）。叶长于或短于秆，侧扁，剑状，先端刚毛状；鞘侧扁，背面呈龙骨状，边缘膜质，锈色，鞘口斜裂，无叶舌；苞片 2～4 枚，刚毛状，基部较宽。聚伞花序复出或多次复出；辐射枝 3～6 个；小穗单生于辐射枝顶端，球形；鳞片膜质，卵形，栗色，具白色狭边，背面龙骨凸起，具有 3 条脉，雄蕊 2；花柱三棱形，基部稍膨大，柱头 3。小坚果倒卵状，麦秆黄色，具疣状凸起和横裂圆形网纹。

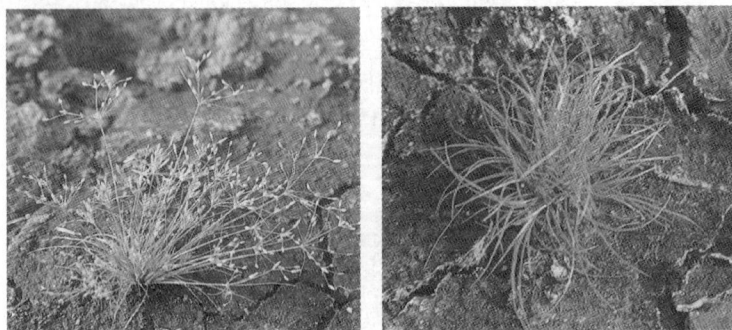

图 4-145　飘拂草的成株和幼草

生境、危害：生于潮湿沼泽地区和水稻田中，我国大部分地区有分布，是稻田、旱作物地常见杂草，部分水稻、旱作物受害较重。

防治要点：加强田间管理，精细整地，及时中耕除草。药剂可用丙草胺、扑草净、二甲四氯、苄嘧磺隆、灭草松、恶草酮、异丙甲草胺等。

（二）萤蔺

识别特征：多年生草本。根状茎短，有多数须根。秆丛生，圆柱形，直立，高25～60厘米，较纤细，平滑。无叶片，有1～3个叶鞘着生在秆的基部。苞片1，直立，为秆的延长；小穗假侧生，鳞片宽卵形；柱头3，

图4-146　萤蔺成株

下位刚毛5～6条。小坚果宽倒卵形，暗褐色，具不明显的横皱纹。以种子和根茎繁殖（见图4-146）。

生境、危害：生于水稻田、池边或浅水边。在有些水稻田中发生量较大，水稻受害较重。

防治要点：实行水旱轮作，加强田间管理，及时中耕除草，早期彻底清除田边、渠边杂草。药剂可用二甲四氯、禾草特、恶草酮、灭草松、吡嘧磺隆、苄嘧磺隆、丙草胺等。

（三）扁秆蔗草

识别特征：多年生草本。根状茎具地下匍匐枝，其顶端变粗成块茎状，块茎倒卵状或球形，长1～2厘米，径1～1.5厘米。秆单一，高30～80厘米，较细，三棱形，平滑，具多数秆生叶。叶片长线形，扁平，宽2～5毫米。苞片叶状，1～3枚，比花序长；长侧枝聚伞花序短缩成头状或有时具1～2个短的辐射枝，通常具1～6个小穗；小穗卵形，长1～1.5厘米，宽6～7毫米，锈褐色或黄褐色，具多数花；鳞片椭圆形或椭圆状披针形，长6～7毫米，顶端凹头，微缺刻状撕裂，膜质，无侧脉，背部疏生糙硬毛，具1条中肋，顶端延伸成芒，芒长约1毫米，稍反曲；下位刚毛2～4条，为小坚果的1/2，具倒生刺；雄蕊3，花药黄色。小坚果倒卵形或广倒卵

形，长3～3.5毫米，两侧扁压，微凹，稍呈白色或淡褐色，有光泽，表面细胞稍大，稍呈六角形，似蜂窝状，花柱丝状，长7～8毫米，于上部1/3～1/2处分裂，柱头2（见图4-147）。

图4-147　扁秆藨草植株

生境、危害：生于湿地或浅水中，是稻田常见杂草，部分水稻受害较重。

防治要点：实行水旱轮作，秋翻深耕，加强田间管理，适时中耕除草，可用禾草特、吡嘧磺隆、苄嘧磺隆、灭草松、二甲四氯、莎扑隆等药剂防治。

二、禾本科杂草识别与防治

本科特点：属单子叶杂草，为多年生、一年生或二年生草本植物，很少为乔木或灌木。根为须根系，须根发达，无主根。茎秆圆筒形，有节与节间，节间中空。节部居间分生组织生长分化，使节间伸长。单叶互生成2列，由叶鞘、叶片和叶舌构成，叶鞘开裂，有时具叶耳；叶片狭长线形，或披针形，具平行叶脉，中脉显著，不具叶柄，通常不从叶鞘上脱落。花序顶生或侧生，多为圆锥花序，或为总状、穗状花序。小穗是本科的典型特征，由颖片、小花和小穗轴组成。花通常两性，或单性与中性，由外稃和内稃包被着，小花多有2枚微小的鳞被，雄蕊3枚或1～6枚，子房1室，含1胚珠；花柱通常2，稀1或3；柱头多呈羽毛状。果为颖果，少数为囊果、浆果或坚果。本科杂草有300余种，常见种类有20多种。

（一）牛筋草

别名：蟋蟀草。

识别特征：一年生草本，高15～90厘米（见图4-148）。根系极发达。秆丛生、直立或基部膝曲。秆、叶片坚韧不易扯断。叶片扁平或卷折，长达15厘米，宽3～5毫米，无毛或表面具疣状柔毛；叶鞘压扁，具脊，无毛或疏生疣毛，

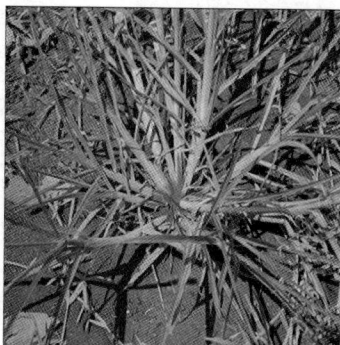

图4-148 牛筋草成株

口部有时具柔毛；叶舌长约1毫米。穗状花序，长3～10厘米，宽3～5毫米，常为数个呈指状排列于茎顶端；小穗有花3～6朵，长4～7毫米，宽2～3毫米；颖披针形，第一颖长1.5～2毫米，第二颖长2～3毫米；第一外稃长3～3.5毫米，脊上具狭翼；种子矩圆形，近三角形，长约1.5毫米，有明显的波状皱纹。花果期6～10月。

生境、危害：生于农田、路旁和荒地，广布全国各地。主要为害棉花、玉米、瓜类、豆类、薯类、蔬菜、果树、花生等。也是锈病、黏虫、稻飞虱的寄主。

防治要点：可用禾草灵、吡氟禾草灵、草灭威、甲草胺、异丙甲草胺、丁草胺、丙草胺、氯草敏、莠去津、恶草酮、异恶草松、茅草枯、草甘膦、都阿混剂、灭草敌、西玛津、氟吡甲禾灵等药剂喷洒。

（二）稗草

别名：稗子、扁扁草。

识别特征：一年生草本，秆丛生，直立或基部膝曲，高50～130厘米，光滑无毛（见图4-149）。叶鞘松弛，下部者长于节间，上部者短于节间；无叶舌；叶片无毛。圆锥花序主轴

具角棱，粗糙；小穗密集于穗轴的一侧，具极短柄或近无柄；第一颖三角形，基部包卷小穗，长为小穗的1/3～1/2，具5脉，被短硬毛或硬刺疣毛，第二颖先端具小尖头，具5脉，脉上具刺状硬毛，脉间被短硬毛；第一外稃草质，上部具7脉，先端延伸成1粗壮芒，内稃与外稃等长。

图4-149　稗草植株

生境、危害：生于低湿农田、荒地、路旁或浅水中，全国各地均有分布。主要危害水稻，也是稻叶蝉、灰飞虱、稻纵卷叶螟、稻苞虫、稻蓟马、粘虫、二化螟、稻小潜叶蝇等的寄主。

防治要点：实行水旱轮作，加强对秧田和本田的管理，及时中耕除草，在苗期彻底拔除。药剂可用禾草灵、草灭畏、甲草胺、乙草胺、丁草胺、丙草胺、绿麦隆、扑草净、禾草特、恶草酮、敌稗等。

（三）光头稗

别名：芒稷、扒草。

识别特征：一年生草本，秆直立，高10～60厘米。叶片扁平，线形，长3～20厘米，宽3～7毫米，边缘稍粗糙，无毛；叶鞘压扁，背部具脊，无毛；无叶舌（见图4-150）。圆锥花序狭窄，长5～10厘米，主轴具棱，棱边上粗糙，通常无毛；花序分枝长1～2厘米，排列稀疏，直立上升或贴向主轴；穗轴无毛；或仅基部有1～2根疣基长毛；小穗卵圆形，

图4-150　光头稗的穗

长2～2.5毫米，具小硬毛，无芒，较规则的 4 行排列于穗轴的一侧；第一颖三角形，长为小穗的 1/2，具 3 脉，第二颖与第一花外稃等长且同形，先端具小尖头，具 5～7 脉，间脉常不达基部；第一小花中性，外稃具 7 脉，内稃膜质，稍短于外稃，脊上被短纤毛；第二小花外稃椭圆形，平滑，光亮，边缘包卷着同质的内稃。花果期 7～10 月。

生境、危害：全国各地常见，多生于田野、园圃、路边。主要为害小麦、水稻等。

防治要点：同稗草。

三、十字花科杂草识别与防治

本科特点：一年生至多年生草本，少数为灌木或乔木，常为单叶，少数复叶，无托叶，具单毛或分叉毛，有时具腺毛或无毛；总状花序或伞房花序；花两性，常无苞片；萼片 4，直立至开展，成 2 对，交互对生，有时内轮基部囊状；花瓣 4，十字形，和萼片互生，黄色、白色或紫色，常有爪；雄蕊 6，少有由于退化成 4、2 或 1，极少多于 6，四强，外轮 2 个短，内轮 4 个长，花药 2 室（极少 1 室），花丝有时具翅、齿或附属物；生在短雄蕊基部的侧蜜腺常存在，成各种形状，有或无中密腺；子房有 2 连合心皮，1～2 室，有 1 至多侧胚珠，生在 2 侧膜胎座上；中间被一膜质假隔膜所分隔；花柱单一，有时不存在，柱头常头状，不裂至 2 裂；果实为长角果或短角果，从下向上以 2 裂瓣开裂，或不裂，有时横裂成具 1 至数种子的部分，果瓣膜质至革质，平坦或膨胀，有时具脊、翅或附属物，无毛或有毛，具 1 至多数平行脉；种子 1 至多数成 1～2 行，平滑、颗粒状或网状，有时具翅，有时湿时发黏，无胚乳。

（一）离子草

识别特征：一年生草本，高 15～40 厘米，全株疏生头状短腺毛。茎斜上或铺散。从基部分枝。基生叶有短柄，叶片长圆形，长 3～4 厘米，宽 4～6 毫米；茎下部叶有深波状齿；茎上部叶有齿或近全缘，疏生头状短腺毛，总状花序稀疏而短，果期伸长；花紫色，萼片淡蓝紫色，具白色边缘，长圆形，内侧萼片基部稍呈囊状，长 4～5 毫米；花瓣狭倒卵状长圆形或长圆状匙形，长 9～11 毫米，基部有长爪，瓣片狭倒卵形，长约 4 毫米；雄蕊分离，在短雄蕊的内侧基部两侧各有 1 个长圆形蜜腺；子房无柄。长角果细圆柱形，长 1.5～3 厘米，直或稍弯，有横节，不开裂，但逐节脱落，先端有长喙，喙长10～20 毫米。种子扁平，有边，随节段脱落，每节段有 2 粒种子（见图 4-151）。

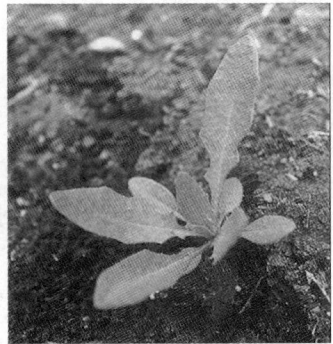

图 4-151　离子草成株、幼苗

生境、危害：生于沟边、草地、田地。分布于我国华北、西北各省。部分蔬菜、玉米、薯类受害较重。

防治要点：敏感除草剂有草灭畏、敌草胺、乳氟禾草灵、西玛津、苯磺隆、噻吩磺隆、灭草松、恶草酮、草甘膦、溴苯腈、百草枯、都阿混剂、都莠混剂等。

（二）糖芥

别名：冈托巴。

识别特征：一年生或二年生草本，高30～60厘米。密生伏贴二叉毛。茎直立，具棱角（见图4-152）。叶对生；叶柄长1.5～2厘米；叶披针形或长圆状线形，基生叶长5～15厘米，宽5～20毫米，先端急尖，基部渐狭，全缘，两面有二叉毛；上部叶有短柄或无柄，基部近抱茎，边缘有波状齿或近全缘。总状花序顶生，有多数花；萼片长圆形，长5～7毫米，密生二叉毛，边缘

图4-152 糖芥成株

白色膜质；花瓣黄色，倒披针形，长10～14毫米，有细脉纹，先端圆形，基部具长爪；雄蕊6，近等长；雌蕊1，子房有多数胚珠，稍2裂。长角果线形，长4～8厘米，具4棱，棱上有3～4叉毛。种子每室1行，长圆形，侧扁，深红褐色。花期6～8月，果期7～9月。

生境、危害：生于农田荒地，是麦田、菜地常见杂草，部分小麦受害较重。

防治要点：合理轮作倒茬，加强田间管理，及时清除杂草，敏感除草剂有麦草威、利谷隆、莠去津、嗪草酮、溴苯腈、甲羧除草醚、西玛津、二甲四氯等。

四、菊科杂草识别与防治

本科特点：双子叶杂草，多为草本。叶常互生，无托叶。头状花序单生或再排成各种花序，外具一至多层苞片组成的总苞。花两性，稀单性或中性，极少雌雄异株。花萼退化，常变态为毛状、刺毛状或鳞片状，称为冠毛；花冠合瓣、管状、舌

状或唇状；雄蕊 5，着生于花冠筒上；花药合生成筒状，称聚药雄蕊。心皮 2，合生，子房下位，1 室，1 胚珠。花柱细长，柱头 2 裂。果为连萼瘦果，顶端常具宿存的冠毛。

(一)飞廉

别名：飞帘、大力王、老牛错、鲜飞廉。

识别特征：二年生草本，高 50～120 厘米（见图 4-153）。主根肥厚，伸直或偏斜。茎直立，具纵棱，棱有绿色间歇的三角形刺齿状翼。叶互生；通常无柄而抱茎；下部叶椭圆状披针形，长 5～20 厘米，羽状深裂，裂片常大小相对而生，边缘刺，上面绿色，具细毛或近乎光滑，下面初具蛛丝状毛，后渐变光滑；上部叶渐小。头状花序 2～3 个簇生枝端，直径 1.5～2.5 厘米，总苞钟状，长约 2 厘米，宽 1.5～3 厘米；总苞片多层，外层较内层逐渐变短，中层条状披针形，先端长尖成刺状，向外反曲，内层条形，膜质，稍带紫色；花全为管状花，两性，紫红色，长 15～16 毫米。瘦果长椭圆形，长约 3 毫米，先端平截，基部收缩；冠毛白色或灰白色，长约 15 毫米，呈刺毛状，稍粗糙。花期 5～7 月。

图 4-153　飞廉成株和幼草

生境、危害：生于耕地、田边、路旁、沟边、堆肥场、村落附近或房屋周围隙地，是旱作物地常见杂草，部分麦田、绿肥田、果园、幼龄林木受害较重。

防治要点：合理安排轮作换茬，加强田间管理，及时中耕除草，敏感除草剂有 2，4-D、二甲四氯＋麦草畏、灭草松、百草枯、溴苯腈等。

（二）小飞蓬

别名：小白酒草、小飞莲。

识别特征：茎直立，株高 50～100 厘米，具粗糙毛和细条纹。叶互生，叶柄短或不明显。叶片窄披针形，全缘或微锯齿，有长睫毛。头状花序有短梗，多形成圆锥状。总苞半球形，总苞片 2～3 层，披针形，边缘膜质，舌状花直立，小，白色至微带紫色，筒状花短于舌状花。瘦果扁长圆形，具毛，冠毛污白色。种子繁殖（见图 4-154）。

图 4-154　小飞蓬幼草、成株

生境、危害：生于耕地、田边、路旁、沟边、荒地、村落或房屋周围隙地，是农田常见杂草，河滩、渠旁、路边常见大片群落。主要危害小麦、玉米、棉花、大豆、蔬菜、果树等作物，也是朱砂叶螨、棉铃虫、小地老虎的寄主。

防治要点：敏感除草剂有 2，4-D、二甲四氯、麦草畏、灭草松等。

（三）苣荬菜

别名：败酱草、取麻菜、曲曲芽。

识别特征：多年生草本，全株有乳汁。茎直立，高30～80厘米（见图4-155）。叶互生，披针形或长圆状披针形。长8～20厘米，宽2～5厘米，先端钝，基部耳状抱茎，边缘有疏缺刻或浅裂，缺刻及裂片都具尖齿；基生叶具短柄，茎生叶无柄。头状花序顶生，单一或呈伞

图4-155　苣荬菜植株

房状，直径2～4厘米，总苞钟形；花全为舌状花，黄色；雄蕊5，雌蕊1，子房下位，花柱纤细，柱头2裂。瘦果长椭圆形，具纵肋，冠毛细软。花期7月至翌年3月，果期8～10月至翌年4月。

生境、危害：生于耕地、田边、沟边、荒地等，是农田常见杂草，主要危害玉米、蔬菜、豆类、棉花、果树等旱作物，也是麦蚜、菜蚜、棉蚜、小地老虎、叶蝉、飞虱的寄主。

防治要点：加强田间管理，及时清洁田园，中耕除草。常用除草剂有草甘膦、百草枯、灭草松、二甲四氯等。

模块五　农药基础知识

第一节　农药基本概念

一、农药的含义

按《中国农业百科全书·农药卷》的定义，农药主要是指用来防治危害农林牧业生产的有害生物（害虫、害螨、线虫、病原菌、杂草及鼠类）和调节植物生长的化学药品，但通常也把改善有效成分和物理、化学性状的各种助剂包括在内。

事实上，农药不仅仅在农业上应用，许多农药同时也是卫生防疫、工业品防腐、防蛀和提高畜牧产量等方面不可缺少的药剂。因而，随着科学的发展和农药的广泛应用，农药的含义和所包括的内容也在不断地充实和发展。广义的农药还包括有目的地调节植物与昆虫生长发育、杀灭家畜体外寄生虫及人类公共环境中有害生物的药物。

从长远的观点和站在植物生理性病害防治的角度来考虑，化学肥料和一些能提高植物抗逆性的化学物质也可以纳入农药的范畴。概括地说，凡是可以用来保护和提高农业、林业、畜牧业生产以及用于环境卫生的药剂，都可以叫做农药。

二、农药的分类

农药的分类多种多样，依据不同，划分的类型也各不相同。

根据防治对象，农药可分为杀虫剂、杀菌剂、杀螨剂、杀线虫剂、杀鼠剂、除草剂、脱叶剂、植物生长调节剂等。

根据原料来源，农药可分为有机农药、无机农药、植物性农药、微生物农药。此外，还有昆虫激素。

根据加工剂型，农药可分为粉剂、可湿性粉剂、可溶性粉剂、乳剂、乳油、浓乳剂、乳膏、糊剂、胶体剂、熏烟剂、熏蒸剂、烟雾剂、油剂、颗粒剂、微粒剂等。

为了便于认识、研究和使用农药，可根据农药的用途进行分类，常用的有以下几类。

（一）杀虫剂

杀虫剂是对昆虫机体有直接毒杀作用，以及通过其他途径可控制其种群形成或可减轻、消除害虫危害程度的药剂。可用来防治农、林、牧业、卫生及仓储等害虫或有害节肢动物，是当前我国农药中使用品种和数量最多的一类。按其成分又可将杀虫剂分为以下3类。

1. 无机杀虫剂

无机杀虫剂，即有效成分为无机化合物的杀虫剂。常见的无机杀虫剂有无机氟杀虫剂和无机砷杀虫剂。因为无机杀虫剂的杀虫效果和对人、畜及作物的安全性不如有机合成的杀虫剂，所以用量日趋减少，并逐步被其他药物所取代。

2. 有机杀虫剂

有机杀虫剂，即有效成分为有机化合物的杀虫剂。按其来源又可分为天然的有机杀虫剂和人工合成的有机杀虫剂。天然的有机杀虫剂是指利用植物或矿物原料经过物理机械加工而制成的药剂。常见植物性的有机杀虫剂有除虫菊、鱼藤、巴豆等，常见矿物性的有机杀虫剂有石油乳剂等。人工合成的有机杀虫剂是指利用各种原料进行人工合成，而且其有效成分为有机化合物药剂，这类药剂数量大、品种多、发展快，约占杀虫剂的90%，是20世纪40年代才发展起来的药剂。根据其化学成分可分为以下几类。

(1)有机磷杀虫剂。有机磷杀虫剂又叫膦酸酯类杀虫剂，其有效成分的分子结构中均含有磷元素，如美曲膦酯(敌百虫)、敌敌畏、乐果、氧化乐果、马拉硫磷、甲基对硫磷、锌硫磷、甲拌磷、灭蚜松等。

(2)有机氯杀虫剂。有机氯杀虫剂是指具有杀虫作用的含有氯元素的有机化合物，如毒杀芬、氯丹、林丹等。这类药剂大多数性质稳定，施用后不易被分解，能够通过环境与食品的残留而进入人体、畜体内积累，有碍人、畜健康，因而将逐步被限制并禁止使用。

(3)除虫菊酯类杀虫剂。除虫菊酯类杀虫剂属于仿生制剂，即仿照除虫菊体内所含的杀虫有效成分——除虫菊素而人工合成的一类杀虫剂。由于该类药剂具有效果好、无残毒、用量少、作用迅速等特点，自问世以来，发展很快。但大多数品种，我国目前仍不能工业化生产，主要依靠进口。如来福灵、速灭杀丁、灭扫利、功夫、敌杀死等。

(4)复配剂。复配剂是指由两种或两种以上的有机杀虫剂经科学混配而成的一类杀虫剂，这是近几年来新发展起来的一类药剂。科学研究证明，有些药剂两两混合之后，不仅能提高效果、扩大杀虫范围，而且还能延缓害虫抗性产生、降低使用成本等。如灭杀毙就是典型的一种，它是由马拉硫磷和氰戊菊酯的混合物组成，既具有菊酸类农药用量少、效果好的优点，同时也克服了菊酯类农药对红蜘蛛、蚜虫等效果较差和易产生抗性的缺点，深受群众欢迎。随着时间的推移和农药科学的发展，这类药剂将会得到更广泛的应用。

(5)其他杀虫剂：如氟乙酰胺、巴丹等。

3. 微生物杀虫剂

微生物杀虫剂是利用微生物或其代谢物来防治害虫的药剂。按照微生物的类别，可分为如下几类。

(1)细菌性杀虫剂：苏芸金杆菌、青虫菌、杀螟杆菌等。

(2)真菌杀虫剂：白僵菌、绿僵菌、虫生藻菌等。

(3)病毒杀虫剂：核型多角体病毒、质型多角体病毒等。

(4)线虫杀虫剂：六索线虫等。

（二）杀螨剂

杀螨剂是用来防治危害植物或居室中的蜱螨类的农药，防治对象包括叶螨类、壁虱类等。

这类药剂按其作用范围可分为两类：一类是没有杀虫作用，专门用于防治害螨的药剂，如螨卵酯、三氯杀螨醇、克螨特等；另一类是既有防治作用又有杀虫作用的药剂，如1605、呋喃丹、乐果、氧化乐果等。

（三）杀菌剂

杀菌剂对病原微生物能起到杀死、抑制或中和其有毒代谢物的作用，因而可使植物及其产品免受病菌危害或可消除病症、病状。有些杀菌剂虽然没有直接杀菌或抑菌作用，但是能诱导植物产生抗病性，从而有助于抑制病害的发展与危害。

杀菌剂按其成分可分为如下几类。

(1)无机杀菌剂。无机杀菌剂是具有杀菌作用的一类无机物质，如硫酸铜、硫黄粉、氟硅酸钠等。

(2)有机杀菌剂。有机杀菌剂是具有杀菌作用的一类有机化合物。按其化学成分可分为有机硫杀菌剂，有机砷杀菌剂，有机磷杀菌剂，有机氯杀菌剂，有机汞杀菌剂，类杀菌剂，酚类杀菌剂，醛类杀菌剂等。

(3)抗生素。抗生素指一类由微生物代谢所产生的杀菌物质。重要的品种有放线酮、春雷霉素、灭瘟素、井霉素等。

(4)植物杀菌素。植物杀菌素是指存在于植物体内的具有杀菌作用的一类化学物质。如大蒜中存在的植物杀菌素——大蒜素，对多种病原菌都有较强的抑制作用。大蒜素的类似化合物乙基大蒜素对甘薯黑斑病、棉花苗病等多种病害都有良好的防治效果，其加工品抗菌剂 401、402 已广泛应用于生产实际。

（四）杀线虫剂

杀线虫剂是用于防治植物寄生性线虫的化学药剂。根据药剂的选择性与使用方法，可分为 3 种类型。

（1）土壤处理剂。土壤处理剂包括具有土壤熏蒸消毒作用（如氯化苦、二溴氯丙烷等）和不具熏蒸作用以触杀作用为主两种（如涕灭威、呋喃丹等）。这类杀线虫剂还兼有杀灭土壤中病菌、土栖昆虫或杂草的作用。

（2）叶面喷洒处理剂（克线磷），可通过叶面内吸输导杀灭根部和叶面线虫，这类药剂具有选择性，对植物较安全。

（3）种子处理剂（杀螟丹、浸种灵），可用于种子处理。

（五）除草剂

除草剂是用来杀灭草坪或人工环境中非目标植物的一类农药。根据对植物作用的性质，分为灭生性除草剂和选择性除草剂。前者使用后可杀死大多数植物，可用于森林防火带杀死树木以及场地、道路、建筑物处灭杀杂草或灌木等，也可用于农田播种前除草。后者使用后能有选择地杀死某些种类的植物，而对另一些种类的植物无害，多用于农田除草。根据除草剂的作用方式可分为触杀型除草剂、内吸传导型除草剂、激素型除草剂。

（六）杀鼠剂

杀鼠剂是专门用来防治农田、牧场、粮仓、厂房、草坪和室内鼠类等啮齿动物的农药。杀鼠剂大都是胃毒剂，用以配制毒饵诱杀。常用杀鼠剂对人和家畜有剧毒。通常可分为无机类（如磷化锌）、抗凝血素类（如敌鼠钠、敌鼠酮、溴敌隆和大隆等）、植物类（如红海葱）和其他类（如毒鼠磷、甘氟、灭鼠优等）。

（七）植物生长调节剂

植物生长调节剂是一类专门用于调节和控制植物生长发育的农药。这类农药使用量很低，处理植物后可达到促进或抑制发芽，促进生根和枝叶生长，促进开花结果，提早成熟，形成无籽果实，防止徒长，调控株型，疏花疏果或防止落花、落果，增强抗旱、抗寒、抗早衰和抗倒伏能力等多种生理作用。如控制植物生长的矮壮素、促进草坪生长的草坪促茂剂、改造观赏植物株型的助壮素等。生长调节剂按其作用特点，又可分为生长素类、赤霉素类、细胞分裂素类、成熟素(乙烯)类和脱落酸类等。

(八)杀软体动物剂

杀软体动物剂是指能用于防治蜗牛、钉螺等软体动物的药剂，如蜗牛敌、贝螺杀、蜗螺净等。

第二节　农药的购买

购买农药的目的，在于有效地防治病虫草害等，因而在购买农药之前，必须弄清所要防治的对象，需要购买的农药品种、剂型、数量，以及如何鉴别农药与怎样看农药标签和使用说明书等。以防所购买的农药与防治对象不符、剂型不适当、数量少或多余以及是假药、失效药等现象的发生。因此，在购买农药的过程中必须注意以下几点。

一、注意农药品种

所要购买的农药品种，是根据防治对象和栽培作物的种类而定的。因此，在购买农药之前，首先要知道所种的是什么作物，发生了什么病虫害，待确定了病虫害发生的种类之后，再确定购买什么农药品种。能用于防治某种病虫害的农药，往往不只是一个品种，在此情况下，还要了解一下哪种农药效果最好，哪种农药效果最差，哪种农药易产生药害等。然后，根据当地农药的供应情况，尽量确定一种效果好和经济、安全的农药品种。在购买农药时，还要注意农药的同物异名现象。所要购买的农药，往往会因生产厂家的不同而有不同的名称。这时要对照农药的化学名称，只要农药的化学名称一样，就是同一种农药。

二、注意农药的剂型

同一个农药品种，往往会有许多不同剂型。不同的剂型，其施药方法、时间、用量都有所不同，要根据所种的作物、生育期、发生的病虫害种类、当地的环境条件和拥有的农药机具来选择合适的剂型。一般说，粉剂适于密植的作物，食叶性害虫的产卵盛期或幼虫卵化盛期，应在早晨露水未干时使用，用手摇喷粉器或机动喷粉机喷洒；乳油、水剂、可湿性粉剂、可溶性粉剂等适于喷雾的剂型，宜在作物的苗期、近水源的地块、风小的上午或下午使用，用气压式喷雾器和机动弥雾机喷洒。如大豆为密度较大的作物，若用农药防治取食大豆叶片的豆天蛾低龄幼虫，在早晨露水未干或在有露水的傍晚用手摇或机动喷粉器械喷施粉剂农药，效果会更好；而在防治棉花苗期的蚜虫及红蜘蛛时，就以选择适于喷雾的农药剂型，在中午或下午用背负式手动喷雾器喷雾较为恰当。总之，要根据高效、安全、经济和容易操作的原则，选购适当的农药品种和剂型。做到品种和防治对象对口，剂型和施药方法正确。

三、注意农药的质量

由于生产时间长或运输、储藏方法不当或农药厂生产的产品不合格等原因，都有可能使药剂的质量下降，以致降低药效或其他不良现象的发生。另外，不同的农药厂生产的同一种农药其质量也有很大差别。因此，在购买农药时，必须注意农药的质量，进行认真细致的检查。

第三节　农药的安全运输

农药购买后，要保证安全、完好地运输到目的地。运输途中，切记不要让农药处于无人看管的状态。如农药无人看管，可能被儿童或其他无关人员接触到；也可能发生将食品和其他日用品被农药污染，尤其是食品被污染后可能会引起严重后果；再者，如果农药随意丢放，可能导致农药包装破损，引起泄漏，造成严重污染。这些事件均有可能发生在农药运输过程中。

（一）农药在运输过程中要上锁

在农药运输过程中，首先要确保农药原包装完好无损，密封盖严密不松动，以免在运输途中发生泄漏或喷溅。最简单有效的方法是将要携带的农药产品用带锁的箱子（材质可以是木质、铁质或塑料）盛放并上锁，置于远离食品处。这样可以使农药与其他物品隔开，避免儿童或他人接触到，同时还可保证农药包装不被损坏，即使农药发生泄漏也可将泄漏农药局限在很小的空间，不扩散。所以准备大小合适的带锁的箱子应该成为农药使用者的常识之一，可用来运输农药，又可用来储藏农药。

田间施药后，要确保农药器械完全彻底地清洗干净。

（二）农药泄漏后的应急处理

一旦发生农药泄漏，不要慌乱。首先是用吸附性良好的土或沙子将泄漏的农药围起来，并小心向内添加土或沙子，让土或沙子充分吸附农药，然后将其收起装入一结实的塑料袋中，并用标签标记清楚——农药泄漏物，咨询农药销售商或其他专业人士，用正确的方法进行处理。一般应带到偏僻的远离村庄、地下水地方，深埋。

第四节　农药的安全储藏

农药在许多情况下需要储藏，如购买的农药往往当年不能用完，需要妥善储藏；当年买的农药往往不能马上就用，也需要暂时储藏。而正确、安全地储藏农药，可以保证：①保护人的健康；②保护环境；③保持农药包装完好无损，保证药效。购买农药时，尽可能购买合适的量，以减少农药储藏量。农药储存时应该做到以下几点。

一、阅读标签

在储藏农药时，首先要阅读标签。标签上给出了一些储藏农药的信息，要确保完全了解标签上标明的中毒风险。

（1）许多农药标签上要求农药储藏时要上锁。

（2）按照标签上的说明储藏，有的农药要求与其他农药分开储藏。

（3）牢固的储藏地点可以保证农药包装完好无损，并且可防止被盗窃。

（4）时刻牢记标签上警告的储藏过程中可能存在的风险。

二、存室的类型

（一）专业化学品仓库

主要用于大型农场、农药销售公司、农药公司等的仓库，需要建在远离住宅区、学校、医院、水井和河道等地方，并设有安全通道，一旦发生意外，便于进货者和出货者及时撤离。

（二）上锁的建筑物

农村不住人的旧屋、厢房、平房等可以用来储藏农药，但必须上锁。

（三）带锁的箱子、盒子等

如耕地不多，农药使用量也不多，一个箱子或盒子就足以用来储藏农药。这样的箱子或盒子应该满足以下要求。

（1）具有足够的空间使需要储存的农药安全稳固地储存于其中。根据农药数量、包装大小，选择或制作不同大小尺寸的箱子来储藏农药。

（2）用标签标记清楚：农药，有毒。

（3）放在儿童和其他动物接触不到的地方。

（4）若放在居室外，要防日晒和雨淋，寒冷季节要注意防冻。

（5）上锁，以防在无人监管的情况下被打开。

（6）将箱子内的农药放置在平盘上，或套在另一个容器中，以防农药泄漏后污染其他地方。

（7）不要将农药箱子放在平地上，可镶嵌到墙上。一个简易的、带锁的箱子，镶嵌到墙上，用来储存农药，可以有效地保护儿童和宠物及其他家禽家畜。

三、储存农药时的注意事项

（1）检查标签上的农药有效期，对于过期农药，询问销售者是否能收回，如果不能，则要按照废弃农药进行处理。

（2）农药必须储存在原始包装物里。

（3）农药储藏时，不要将液态剂型放在干剂型之上。

（4）任何时候不要将农药置于没有上锁和无人看管的状态。农药上锁后，钥匙要妥当保管。

（5）不要将个人防护用品与农药储存在一起。

（6）不要将农药放在接近食品、动物食品、种子、肥料、汽油或医药的地方。

（7）不要在农药储藏室吸烟、喝水和吃东西。

（8）准备吸附性好的材料，放在农药箱附近，如锯末、沙子、泥土等，一旦农药有泄漏，可以立即吸附干净。

四、做好农药存储记录

记录所有的农药产品，并记录提供者（销售者或公司）和农药用途，将记录内容放在安全的地方，以备急时所需。记录内容有：农药产品名、性能、生产批号、保质期、农药用途等。并根据生产实际准确记录农药的使用情况（见表5-1）。

表 5-1　农药使用情况一览表

作物	地块名	用药	施药者	日期	剩余量

第五节　科学安全使用农药

一、科学使用农药注意事项

（1）对症下药。各类农药的种类很多，特点不同，应针对要防治的对象，选择最适合的种类，防止误用；并尽可能选用对天敌杀伤作用小的种类。

（2）适时施药。现在各地已对许多重要病、虫、草、鼠制定了防治标准，即常说的防治指标。根据调查结果，达到防治指标的田块应该施药防治，没达到指标的不必施药。施药时间一般根据有害生物的发育期、作物生长进度和农药品种而定，还应考虑田间天敌状况，尽可能躲开天敌对农药敏感期施用。既不能单纯强调"治早、治小"，也不能错过有利时期。特别是除草剂，施用时既要看草情还要看"苗"情。

（3）适量施药。任何种类农药均需按照推荐用量使用，不能任意增减。为了做到准确，应将施用面积量准，药量和水量称准，不能草率估计，以防造成作物药害或影响防治效果。

（4）均匀施药。喷布农药时必须使药剂均匀周到地分布在作物或害物表面，以保证取得好的防治效果。现在使用的大多数内吸杀虫剂和杀菌剂，以向植株上部传导为主，称"向顶性传导作用"，很少向下传导的，因此也要喷洒均匀周到。

(5)合理轮换用药。多年实践证明，在一个地区长期连续使用单一种类农药，容易使有害生物产生耐药性，特别是一些菊酯类杀虫剂和内吸性杀菌剂，连续使用数年，防治效果即大幅度降低。轮换使用作用机制不同的品种，是延缓有害生物产生耐药性的有效方法之一。

(6)合理混用。合理地混用农药可以提高防治效果，延缓有害生物产生耐药性或兼治不同种类的有害生物，节省人力。混用的主要原则：混用必须增效，不能增加对人、畜的毒性，有效成分之间不能发生化学变化，例如遇碱分解的有机磷杀虫剂不能与碱性强的石硫合剂混用。要随用随配，不宜储存。

为了达到提高施药效果的目的，将作用机制或防治对象不同的两种或两种以上的商品农药混合使用。

有些商品农药可以同时混合使用，有的在混合后要立即使用，有些则不可以混合使用或没有必要混合使用。在考虑混合使用时必须有目的，如为了提高药效，扩大杀虫、除草、防病或治病范围，同时兼治其他虫害、病害，收到迅速消灭或抑制病、虫、草危害的效果，防治抗性病、虫和草，或用混合使用方法来解决农药不足的问题等。但不可盲目混用，因为有些种类的农药混合使用时不仅起不到好的作用，反而会使药剂的质量变坏或使有效成分分解失效，浪费了药剂。

除草剂之间的混用较为普遍，市售的很多除草剂产品本身就是混剂，如丁·苄(丁草胺＋苄嘧磺隆)、二氯·苄(二氯喹啉酸＋苄嘧磺隆)、禾田净(禾草特＋西草津＋二甲四氯)、威罗生(戊草净＋哌草磷)、丁·恶(丁草胺＋恶草灵)、新得力(苄嘧磺隆·甲磺隆)、玉丰(扑草净＋莠去津)、乙·赛(乙草胺＋莠去津)等。除草剂的混用除了提高药效和扩大杀草谱外，还有一个很重要的目的是降低单剂的使用剂量，从而防止对作物产生药害。

(7)注意安全采收间隔期。各类农药在施用后分解速度不同，残留时间长的品种，不能在临近收获期使用。有关部门已经根据多种农药的残留试验结果，制定了《农药安全使用标准》和《农药安全使用准则》，其中规定了各种农药在不同作物上的"安全间隔期"，即在收获前多长时间停止使用某种农药。

(8)注意保护环境。施用农药须防止污染附近水源、土壤等，一旦造成污染，可能影响水产养殖或人、畜饮水等，而且难于治理。按照使用说明书正确施药，一般不会造成环境污染。

二、安全使用农药注意事项

(一)施药人员应符合要求

(1)施药人员应身体健康，经过专业技术培训，具备一定的植保知识，严禁儿童、老人、体弱多病者以及经期、孕期、哺乳期妇女参与施用农药。

(2)施药人员需要穿着防护服，不得穿短袖上衣和短裤进行施药作业；身体不得有暴露部分；需穿戴舒适、厚实的防护服，能吸收较多的药雾而不至于很快进入衣服的内侧，棉质防护服通气性好于塑料服；使用背负式手动喷雾器时，应穿戴防渗漏披肩；防护服要保持完好无损，施药作业结束后，应尽快把防护服清洗干净。

(二)施药时间应安全

(1)应选择好天气施药。田间的温度、湿度、雨露、光照和气流等气象因子对施药质量影响很大。在刮大风和下雨等气象条件下施用农药，对药效影响很大，不仅污染环境，而且易使喷药人员中毒。刮大风时，药雾随风飘扬，使作物病菌、害虫、杂草表面接触到的药液减少；即使已附着在作物上的药液，也易被吹拂挥发，振动散落，大大降低防治效果；刮大风时，易使药液飘落到施药人员身上，增加中毒机会；刮大风时，如果施用除草剂，易使药液飘移，有可能造成药害。下大雨时，作物上的药液被雨水冲刷，既浪费了农药又降低了药效，且污染环境。应避免在雨天及风力大于3级的条件下施药。

(2)应选择适宜的时间施药。在气温较高时施药，施药人员易发生中毒。由于气温较高，农药挥发量增加，田间空气中农药浓度上升，加之人体散热时皮肤毛细血管扩展，农药经皮肤和呼吸道吸引起中毒的危险性就增加。所以喷雾作业时，应避免夏季中午高温(30℃以上)的条件下施药。夏季高温季节喷施农药，要在10：00时前和下午3时后进行。对光敏感的农药选择在10：00时以前或傍晚施用。施药人员每天喷药时间一般不得超过6小时。

(三)施药操作应规范

1. 田间施药

(1)进行喷雾作业时，应尽量采用降低容量的喷雾方式，把施药液量控制在300升/公顷(20升/亩)以下，避免采用大容量喷雾方法。喷雾作业时的行走方向应与风向垂直，最小夹角不小于45°。喷雾作业时要保持人体处于上风方向喷药，实行顺风、隔行前进或退行，避免在施药区穿行。严禁逆风喷洒农药，以免药雾吹到操作者身上。

(2)为保证喷雾质量和药效，在风速过大(大于5米/秒)和风向常变不稳时不宜喷雾。特别是在喷洒除草剂时，当风速过大时容易引起雾滴飘移，造成邻近敏感作物药害。在使用触杀性除草剂时，喷头一定要加装防护罩，避免雾滴飘失引起的邻近敏感作物药害；另外，喷洒除草剂时喷雾压力不要超过0.3MPa，避免高压喷雾作业时产生的细小雾滴引起雾滴飘失。

2. 设施内施药

在温室大棚等设施内施药时，应尽量避免常规大容量喷雾技术，如采用喷雾方法，最好采用低容量喷雾法。如采用烟雾法、粉尘法、电热熏蒸法等施药技术，应在傍晚进行，并同时封闭棚室。第二天将棚室通风1小时后人员方可进入。

如在温室大棚内进行土壤熏蒸消毒，处理期间人员不得进入棚室，以免发生中毒。

第六节 残留农药安全处理

一、农户自储农药的废弃处置

（一）自储农药废弃的标准

农户自储农药，大多数均无合格的专用农药储存室、储存柜或其他类似的储存空间，保管方法也大多不正确，因此农药在储存过程中发生的问题比较多，对于农药的有效使用期往往有很大影响。这些问题主要表现为以下几方面。

（1）标签破损或失落。

（2）未用完的农药，包装已受到破坏，特别是纸质或塑料袋包装的固体制剂。开口后未用完的药已不能恢复原包装状态。袋口往往敞开或闭合不严，剩余农药容易受空气湿度的影响而变质。

（3）原包装瓶局部破损，虽然未发生农药泄漏，但农药的含量和组分会发生变化。因为瓶装液态药剂绝大部分都是以有机溶剂或水作为介质，在包装瓶出现破损的情况下就会很快挥发逸失，从而使制剂的固有理化性质和制剂的稳定性被破坏。

在上述任何一种情况下，该农药是否仍有继续使用的价值就很可疑了。除非经过当地原供销部门、技术指导部门（如植保站、植物医院、庄稼医院或农业院校、研究单位）的明确认证和正确指导，否则必须列为"废弃农药"。

（二）小量废弃农药的处置方法

此类可疑废弃农药最好交给原生产厂家集中处置。在欧美一些国家，在各地设立了化学废弃物处置中心，专门负责处理包括农药在内的各种化学废弃物。交给原生产厂家集中处置则便于工厂对此类废弃农药进行再加工，恢复其使用价值，而无需全部销毁。

这项工作需要一种体制和有关制度的保证。虽然我国现在还没有这样的体制和制度。但是鉴于我国的农药生产、销售和高度分散使用的状况，建立这样的制度势在必行，否则就很难从根本解决这种废弃农药所带来的严重问题。

在尚未建立这种制度的情况下，可以采取挖坑深埋的办法来处置。但是，这项工作应由当地的农药供销部门或植保部门或环保部门经当地政府授权负责进行集中处置。为此，应通过农药供销部门广泛通告农药用户，把废弃农药统一交给负责废弃农药处理的部门进行集中处理。

挖坑的地点应在离生活区很远的地方且地下水很深，降水量小或能避雨远离各种水源的荒僻地带。根据废弃农药的种类和性质，坑内的埋填方式应有区别。

(1)非水溶性固态农药制剂包括粉剂、可湿性粉剂、悬浮剂、颗粒剂等，不含有水溶性有毒成分的制剂，坑内可以不加任何铺垫物。坑深不浅于 1 米。废弃农药投入后，用工具把包装物捣碎后，填入土壤捣实，地面铺平。

(2)液态制剂及可溶性固态制剂，除了悬浮剂以外的各种液态制剂和水可溶性固态制剂，进行挖坑深埋时，坑内必须加铺垫物，其组成是：底层为石灰层，其上方是锯木屑层，捣实后投入液态废弃农药，废弃农药的四周应留出 20～30 厘米空隙，以便再填入石灰。然后把废弃农药的包装瓶捣碎，再铺入一层石灰捣实，最后填入土壤，捣实铺平至地表。

锯木屑的作用是吸收药液，不使药液横溢到周围土层中。水溶性固态农药制剂有可能吸收水分而溶解，扩散到土层中，因此，也必须采用同液态制剂同样方法铺垫深埋。

二、残剩农药的处置

残剩农药是指农药空包装容器中所残剩的或黏附在容器壁上的药剂，或农药喷施结束后，未喷净的剩余药液或药粉。农药包装容器如不加清洗，残剩药量可达农药原包装量的 1%～2%，工业化国家提出的清洗标准是把它降低到原包装药量的0.01%，要达到这个标准，不采取强力有效的清洗措施是很困难的。有些国家如荷兰已制定法令，如果用户未能达到这一清洗标准，政府将责令农药生产厂家收回全部空包装容器加以妥善处置。该国还建立了特别检查小组，授权强制要求在农场内就地清洗干净。意大利政府责成地方当局收集废弃包装容器并采取有毒废弃物专用的处置方法集中处理。德国政府则强制要求农药生产厂商负责回收空容器，并明令禁止在田间和农场内焚毁。英国政府允许就地焚烧或深埋空容器（激素类的药物除外），但已经有人提出要求政府采取德国的办法，并把空容器统一交废物处置公司统一处理。

以上情况表明，农药空包装容器的处理已经提到很重要的地位，要解决好这个问题，在工业化国家还是比较容易实现。但是在我国当前农业分散经营、农药生产和供销渠道混乱的情况下，如果没有强力的政府行为干预，是很困难的。在20世纪80年代以前，我国农业生产资料公司曾经有一个全国性的农药空包装瓶回收系统分布在各地，回收的包装瓶经过清洗后重新返回工厂做包装瓶用。这套系统对于解决我国农村的大量空农药包装瓶的二次污染问题曾经发挥了巨大的作用。

在当前的条件下，空包装容器的处置暂时可以采取挖坑深埋的方法。由于空容器中残剩量一般不会很大，因此可以就地处理，但是必须遵循以下几项原则。

（1）空包装瓶中的残剩农药，应在最后一次配制喷洒药液时全部洗出。采取"少量多次"的办法，把清洗用水分成3～5份反复冲洗，冲洗液全部加入喷雾器中。清洗水的总用量，可根据瓶装农药的性质来估算。以500毫升包装瓶计，若原包装药黏度较小，残剩农药量可按5毫升计，若黏度较大，则按10毫升计，然后根据当时选定的配比量取水，取水后分为3～5份，分次冲洗。

（2）若包装材料是纸袋或塑料袋，则用废纸包裹起来，等待处理。

（3）挖坑深埋的办法，参照上文说明执行。但可以不铺锯木屑。空瓶和空包装袋投入坑内后，须捣碎。

废包装袋不可采取焚烧的办法处理。因为普通的焚烧即使是明火燃烧，也不可能达到彻底销毁农药的目的，并且焚烧过程中产生许多成分不明的有害物质会进入大气中。

第七节 农药在农产品上的安全间隔期

作物采收距最后一次施药的间隔天数就是农药安全间隔期。也就是说，如果要采摘必须等待施用一定剂量的农药多少天以后才行。控制和降低农产品中农药残留的一项关键措施便是安全间隔期。一般来讲，农药安全间隔期与农药的降解度有关系，易降解的农药安全间隔期就短，反之，就长。同时，不同作物上使用同一种农药，也有不一样的安全间隔期，如75％的百菌清可湿性粉剂，在苹果上的安全间隔期为20天，在番茄上则为7天。目前，我国多数农药已有相应的安全间隔期，并在农药标签上进行了标注。

一、农作物上常用农药的安全间隔期

（一）小麦常用农药的安全间隔期

10％氯苯醚菊酯乳油7天，40％乐果乳油10天，25％灭幼脲悬浮剂15天，50％多菌灵可湿性粉剂20天，25％粉锈宁可湿性粉剂20天，25％除虫脲可湿性粉剂21天，25％氧环三唑乳油28天，70％甲基硫菌灵可湿性粉剂30天。

（二）水稻常用农药的安全间隔期

90％美曲膦酯（敌百虫）晶体7天，50％马拉硫磷乳油7天，杀螟松乳油14天，50％倍硫磷乳油14天，50％地亚农乳油28天，25％杀虫双水剂15天，25％西维因可湿性粉剂30天，10％氯苯醚菊酯乳油早稻7天、晚稻15天，50％稻丰散乳油7天，50％仲丁威乳油21天，2％异丙威粉剂14天，

40％敌瘟磷乳油 21 天，50％杀螟硫磷乳油 21 天，2％春雷霉素水剂 21 天，50％易卫杀可湿性粉剂 15 天，25％优乐得可湿性粉剂 14 天，70％甲基硫菌灵可湿性粉剂 30 天，25％优佳安可湿性粉剂 21 天，50％杀螟丹可溶性粉剂 21 天，2％灭瘟素 7 天，75％纹达克可湿性粉剂 30 天，50％多菌灵可湿性粉剂 30 天，3％呋喃丹颗粒剂 60 天，20％望佳多可湿性粉剂 21 天，25％喹硫磷乳油 14 天、40％稻瘟灵早稻 14 天、晚稻 28 天，50％稻瘟酞可湿性粉剂 21 天，40％异稻瘟净乳油 20 天，75％三环唑可湿性粉剂 21 天，75％百菌清可湿性粉剂 10 天。

（三）棉花常用农药的安全间隔期

10％天王星乳油 14 天，10％高效灭百可乳油 7 天，20％双甲脒乳油 7 天，10％氯氰菊酯乳油 7 天，20％灭扫利乳油 14 天，50％二嗪磷 41 天，73％克螨特乳油 21 天，2.5％敌杀死乳油 14 天，75％硫双威可湿性粉剂 14 天，10％马扑拉克乳油 14 天，35％伏杀硫磷乳油 14 天，5％来福灵乳油 14 天，25％氯氰菊酯乳油 14 天，20％速灭杀丁乳油 7 天，40.7％毒死蜱乳油 21 天。

二、蔬菜常用农药的选择及安全间隔期

（一）蔬菜使用农药注意的问题

1. 选用低毒农药

农药种类随着化学工业的发展越来越多，某一种病虫害的防治可以选择多种药剂进行。为了人畜安全，选择农药品种在防治病虫害的前提下应是低毒、低残留的。

2. 配药浓度要低

确定要选用的农药品种后，应选择药效范围的下限配制药剂。因为施用低浓度的药液，既能保证人畜安全，使成本降低，又对残留的病虫个体产生抗药性有预防作用，从而延长农

药的使用寿命。

3. 各种药剂交替使用

由于菜田病虫草害种类繁多，发展速度快，施药也频繁，如果同一种药剂连续施用，防治对象会产生对药剂的抗性，降低药效。为此，应将一些不同品种药效相同的药剂交替使用，以避免产生抗性。

4. 要注意用药的时间性

用药的时间性包括两层含义：一是要抓住病虫害发生的时机及时用药，越快越好，不要把产生最佳药效的时间错过；二是用药时农药的浓度和数量要根据蔬菜的生长期来调整，因为蔬菜不同的生育期对药液的浓度和数量有不同的要求。

（二）蔬菜常用农药的安全间隔期

1. 杀菌剂

75％百菌清可湿性粉 17 天，58％瑞毒霉锰锌可湿性粉剂 2～3 天，50％扑海因可湿性粉剂 4～7 天，50％农利灵可湿性粉剂 4～5 天，70％甲基托布津可湿性粉剂 5～7 天，77％可杀得可湿性粉剂 3～5 天，64％杀毒矾可湿性粉剂 3～4 天。

2. 杀虫剂

10％氯氰菊酯乳油 2～5 天，2.5％溴氯菊酯 2 天，1.8％爱福丁乳油 7 天，2.5％功夫乳油 7 天，10％马扑立克乳油 7 天，5％来福灵乳油 3 天，10％快杀敌乳油 3 天，50％抗蚜威可湿性粉剂 6 天，40.7％乐斯本乳油 7 天，20％甲氰菊酯乳油 3 天，20％灭扫利乳油 3 天，5％抗蚜威可湿性粉剂 6 天，35％伏杀硫磷 7 天，25％喹硫磷乳油 9 天，5％多来宝可湿性粉剂 7 天。

3. 杀螨剂

50％溴螨酯乳油 14 天，50％托尔克可湿性粉剂 7 天。

(三)无公害蔬菜生产用药注意事项

1. 优先选择生物农药

生产中常用的生物杀虫杀螨剂：Bt、华光霉素、阿维菌素、茴蒿素、浏阳霉素、鱼藤酮、苦参碱、藜芦碱等。杀菌剂：春雷霉素、井冈霉素、武夷菌素、多抗霉素、农用链霉素等。

2. 合理选用化学农药

(1)严禁使用剧毒、高毒、高残留、高生物富集体、高"三致"(致畸、致癌、致突变)农药及其复配制剂如甲胺磷、六六六、滴滴涕、呋喃丹、氧化乐果、涕灭威、灭多威、磷化锌、杀虫脒、杀扑磷、久效磷、甲基异柳磷、有机汞制剂等。有些农药残留量大，如三氯杀螨醇，其成分分解慢，施药1年后作物中仍有残留，在蔬菜上也不宜使用。

(2)选择高效、低毒、低残留的化学农药，限定的化学农药允许在无公害蔬菜生产中有限制地使用，使蔬菜体内的有毒残留物质量在国家卫生允许标准之内，且在人体中的代谢产物无害，容易从人体内排除，对天敌有小的杀伤力。

①限定使用的化学类杀虫杀螨剂：乐斯本、辟蚜雾、抑太保、灭幼脲、除虫脲、氯氰菊酯、溴氰菊酯、氰戊菊酯、美曲膦酯(敌百虫)、辛硫磷、敌敌畏、克螨特、双甲脒、尼索朗、噻嗪酮等。

②限定使用的化学类杀菌剂：波尔多液、Bt、代森锌、甲基托布津、乙膦铝、甲霜灵、可杀得、多菌灵、百菌清等。

第八节 农药毒性及中毒处理

一、农药中毒的判断

(一)农药中毒的含义

在接触农药的过程中，如果农药进入人体，超过了正常人的最大耐受量，使机体的正常生理功能失调，引起毒性危害和病理改变，出现一系列中毒的临床表现，就称为农药中毒。

（二）农药毒性的分级

主要是依据对大鼠的急性经口和经皮肤性进行试验来分级的。依据我国现行的农药产品毒性分级标准，农药毒性分为剧毒、高毒、中等毒、低毒、微毒五级。

（三）农药中毒的程度和种类

（1）根据农药品种、进入途径、进入量不同，有的农药中毒仅仅引起局部损害，有的可能影响整个机体，严重的甚至危及生命，一般可分为轻、中、重 3 种程度。

（2）农药中毒的表现，有的呈急性发作，有的呈慢性或蓄积性中毒，一般可分为急性和慢性中毒两类。

①急性中毒往往是指一次口服，吸入或经皮肤吸收了一定剂量的农药后，在短时间内发生中毒的症状。但有些急性中毒，并不立即发病，而要经过一定的潜伏期，才表现出来。

②慢性中毒主要指经常连续食用、吸入或接触较小量的农药（低于急性中毒的剂量），毒物进入机体后，逐渐出现中毒的症状。慢性中毒一般起病缓慢，病程较长，症状难于鉴别，大多没有特异的诊断指标。

（四）农药中毒的原因、影响因素及途径

1. 农药中毒的原因

（1）在使用农药过程中发生的中毒叫生产性中毒，造成生产性中毒的主要原因如下。

①配药不小心，药液污染手部皮肤，又没有及时洗净；下风配药或施药，吸入农药过多。

②施药方法不正确，如人向前行左右喷药，打湿衣裤；几架药械同时喷药，未按梯形前行和下风侧先行，引起相互影响，造成污染。

③不注意个人保护，如不穿长袖衣，长裤、胶靴、赤足露背喷药；配药、拌种时不戴橡胶手套、防毒口罩和护镜等。

④喷雾器漏药，或在发生故障时徒手修理，甚至用嘴吹堵在喷头里的杂物，造成农药污染皮肤或经口腔进入人体内。

⑤连续喷药时间过长，经皮肤和呼吸道进入的药量过多，或在施药后不久在田内劳动。

⑥喷药后未洗手、洗脸就吃东西、喝水等。

⑦施药人员不符合要求。

⑧在科研、生产、运输和销售过程中因意外事故或防护不严污染严重而发生中毒。

(2)在日常生活中接触农药而发生的中毒叫非生产性中毒，造成非生产性中毒的主要原因如下。

①乱用农药，如高毒农药灭虱、灭蚊、治癣或其他皮肤病等。

②保管不善，把农药与粮食混放，吃了被农药污染的粮食而中毒。

③用农药包装品装食物或用农药空瓶装油、装酒等。

④食用近期施药的瓜果、蔬菜。拌过农药的种子或农药毒死的畜禽、鱼虾等。

⑤施药后田水泄漏或清洗药械污染了饮用水源。

⑥有意投毒或因寻短见服农药自杀等。

⑦意外接触农药中毒。

2. 影响农药中毒的相关因素

(1)农药品种及毒性。农药的毒性越大，造成中毒的可能性就越大。

(2)温度。气温越高，中毒人数越集中。有90%左右的中毒患者发生在气温30℃以上的7～8月份。

(3)农药剂型。乳油发生中毒较多，粉剂中毒少见，颗粒剂、缓释剂较为安全。

(4)施药方式。撒毒土、泼浇较为安全，喷雾发生中毒较多。经对施药人员小腿、手掌处农药污染量测定，证实了撒毒土为最少，泼浇为其 10 倍，喷雾为其 150 倍。

3.农药进入人体引起中毒的途径

(1)经皮肤进入人体这类中毒是由于农药沾染皮肤进到人体内造成的。很多农药溶解在有机溶剂和脂肪中，如一些有机磷农药都可以通过皮肤进入人体内。特别是天热，气温高、皮肤汗水多，血液循环快，容易吸收。皮肤有损伤时，农药更易进入。大量出汗也能促进农药吸收。

(2)经呼吸道进入人体粉剂、熏蒸剂和容易挥发的农药，可以从鼻孔吸入引起中毒。喷雾时的细小雾滴，悬浮于空气中，也很易被吸入。在从呼吸道吸入的空气中，要特别注意无臭、无味、无刺激性的药剂，这类药剂要比有特殊臭味和刺激性的药剂中毒的可能性大。因为它容易被人们所忽视，在不知不觉中大量吸入体内。

(3)经消化道进入人体。各种化学农药都能从消化道进入人体而引起中毒。多见于误服农药或误食被农药污染的食物。经口中毒，农药剂量一般不大，不易彻底消除，所以中毒也较严重，危险性也较大。

二、农药中毒的急救治疗

(一)正确诊断农药中毒情况

农药中毒的诊断必须根据以下几点。

(1)中毒现场调查询问农药接触史，中毒者如清醒则要口述农药接触的过程、农药种类、接触方式，如误服、误用、不遵守操作规程等。如严重中毒不能自述者，则需通过周围人及家属了解中毒的过程和细节。

(2)临床表现结合各种农药中毒相应的临床表现，观察其发病时间、病情发展以及一些典型症状体征。

（3）鉴别诊断排除一些常易混淆的疾病，如施药季节常见的中暑、传染病、多发病。

（4）化验室资料有化验条件的地方，可以参考化验室检查资料，如患者的呕吐物，洗胃抽出物的物理性状以及排泄物和血液等生物材料方面的检查。

（二）现场急救

（1）立即使患者脱离毒物，转移至空气新鲜处，松开衣领，使呼吸畅通，必要时吸氧和进行人工呼吸。

（2）皮肤和眼睛被污染后，要用大量清水冲洗。

（3）误服毒物后须饮水催吐（吞食腐蚀性毒物后不能催吐）。

（4）心脏停搏时进行胸外心脏按压。患者有惊厥、昏迷、呼吸困难、呕吐等情况时，在护送去医院前，除检查、诊断外，应给予必要的处理，如将舌引向前方，保持呼吸畅通，使仰卧，头后倾，以免吞入呕吐物，以及一些对症治疗的措施。

（5）处理其他问题。尽快给患者脱下被农药污染的衣服和鞋袜，然后把污物冲洗掉。在缺水的地方，必须将污物擦干净，再去医院治疗。

现场急救的目的是避免继续与毒物接触，维持病人生命，将重症病人转送到邻近的医院治疗。

（三）中毒后的救治措施

（1）用微温的肥皂水或清水清洗被污染的皮肤、头发、指甲、耳、鼻等，眼部污染者可用小壶或注射器盛2%小苏打水、生理盐水或清水冲洗。

（2）对经口中毒者，要及时、彻底催吐，洗胃，导泻。但神志恍惚或明显抑制者不宜催吐。补液、利尿以排毒。

（3）呼吸衰竭者就地给以呼吸中枢兴奋剂，如尼可刹米（可拉明）、洛贝林等，同时给氧气吸入。

呼吸停止者应及时进行人工呼吸，首先考虑应用口对口人工呼吸，有条件准备气管插管，给以人工辅助呼吸。同时，可针刺人中、十宣、涌泉等穴，并给以呼吸兴奋剂。

对呼吸衰竭和呼吸停止者都要及时清除呼吸道分泌物，以保持呼吸道通畅。

（4）循环衰竭者如表现血压下降，可用升压静脉注射，如间羟胺（阿拉明）、多巴胺等，并给以快速的液体补充。

（5）心脏功能不全时，可以给咖啡因等强心剂。心跳停止时用心前区叩击术和胸外心脏按压术，经呼吸道近心端静脉或心脏内直接注射新三联针（肾上腺素、阿托品各 1 毫克，利多卡因 50 毫克）。

（6）惊厥病人给以适当的镇静剂。

（7）解毒药的应用。为了促进毒物转变为无毒或毒性较小物质，或阻断毒作用的环节，凡有特效解毒药可用者，应及时正确地应用相应的解毒药物。如有机磷中毒则给以胆碱酯酶复能剂和阿托品等抗胆碱药。

（四）对症治疗

根据医生的处置，服用或注射药物来消除中毒产生的症状。

第九节 农药药害与预防

随着杀虫剂、杀菌剂、除草剂以及各种植物生长调节剂等农药在农业生产中的广泛应用，特别是近几年，随着种植业结构的不断调整，农村劳动力的大批转移，农业农机化、水利化、科技化水平的大幅度提高，土地经营逐渐向集约化、规模化方向发展，导致农药这一特殊的农业生产资料使用量逐年增加。一是由于用药水平的低下，农民安全用药意识淡薄，使用技术不当；二是由于植物对药剂本身的敏感、遇到不良气候等影响，造成了当季作物和后茬作物每年都有不同程度的药害事故发生。农作物一旦发生药害，就会受到一定损失。我们通常所指的农作物药害就是指农药使用不当而引起的对农作物生长发育及其产品质量产生不良作用的现象。

据统计，我国农作物病虫草鼠害常年发生面积达 3.6 亿公顷，农作物药害面积每年达 20 万公顷以上，直接经济损失 1 亿元以上，间接损失达 10 亿元之多。农作物药害不仅造成了比较重要的经济损失，也给社会带来了不稳定因素。近年来我国农作物药害日益严重，突出表现在以下 5 个方面。

一是引起药害的农药种类多。杀虫剂、杀菌剂、除草剂以及各种植物生长调节剂都会引起药害，其中以除草剂居多。

二是发生药害的范围广。近年来，全国各地都发生了不同程度的药害事故，华北、东北和长江中下游部分地区比较突出。

三是发生药害的农作物品种多。发生药害的农作物不仅有水稻、玉米、小麦、大豆等主要粮食作物，还有蔬菜、果树、棉花、油料等经济作物。

四是小型药害事故不断，大型药害事故呈现增长态势。

五是影响面广。大面积发生农作物药害事故不仅造成经济损失，还影响经济发展政策、生态环境安全、群众身心健康和身体健康等多个方面，并可能诱发和激化农村社会矛盾，造成不安定因素。

一、药害的类型

农药药害是指因施用农药对植物造成的伤害。农作物药害包括因使用农药不当而引起作物反映出各种病态，如作物体内生理变化异常、生长停滞、植株变态、死亡等一系列症状。产生药害的环节是使用农药作喷洒、拌种、浸种、土壤处理等。产生药害原因有药剂浓度过大，用量过多，使用不当或某些作物对药剂过敏。产生药害的表现有影响植物的生长，如发生落叶、落花、落果、叶色变黄、叶片凋萎、灼伤、畸形、徒长及植株死亡等，有时还会降低农产品的产量或品质。

(一)按药害发生的速度和时间划分

农药药害按发生的速度和时间划分，可以分为急性药害、慢性药害、残留药害、二次药害 4 种情况。

1. 急性药害

急性药害是指在喷药短期内农作物上出现肉眼可见症状，如叶部出现斑点、穿孔、烧伤、失绿、畸形、凋萎、落叶等；在果实上出现斑果、锈果、落果等；种子受到药害表现为发芽率降低，严重者导致不发芽，根系发育不正常等；植株受到药害表现为生长迟缓、矮化、茎秆扭曲，药害严重的可使整个植株枯死。如敌敌畏、美曲膦酯对高粱的一个品种可使叶片迅速变为红褐色或者枯焦，甚至整株枯死；百草枯漂移到植物叶片上产生枯焦斑。急性药害的发生程度与药剂的用量和使用浓度直接相关。当药害发生轻微时，多数情况是可以恢复的。

2. 慢性药害

慢性药害是指施药后经过较长时间才表现出药害症状，如光合作用减弱、畸形等。慢性药害常常由于作物的生理代谢受到影响，引起营养不良，抑制生长，植株矮小，降低或者延迟花芽的形成与结果率，最后使农作物产量和质量降低。如水稻孕穗期使用有机砷杀菌剂，常常造成水稻不孕。慢性药害一旦发生，一般是很难挽救甚至无法挽救的。

3. 残留药害

残留药害主要指稳定性强的农药累积在土壤中，对敏感作物所产生的药害。农作物药害症状主要表现为斑点、黄化、畸形、枯萎、停滞生长、不孕、脱落、劣果等。

使用农药防治农作物病、虫、草、鼠害时，对当季作物也许不发生药害，而残留在土壤中的药剂或其分解产物，会对下茬敏感性作物产生药害。残留药害主要是残效期长、分解缓慢的农药品种，由于长期、连续、大量使用或者用量过大，在土壤中积累到一定量，对敏感性作物生长产生不良影响。如麦田过量使用甲磺隆等磺酰脲类除草剂后，对下茬水稻，特别是豆类、瓜类等双子叶作物产生药害。玉米田使用除草剂西玛津后，往往对下茬油菜、豆类作物等产生药害。这种药害多在下茬作物种子发芽阶段出现，轻者根尖、芽稍等部位变褐色或腐烂，影响正常生长；重者烂种、烂芽、烂根，降低出苗率或完全不出苗。

4. 二次药害

使用农药防治农作物病、虫、草、鼠害时，对当茬作物并不产生药害，而残留在植株体内的药剂转化成对作物有毒的化合物。当秸秆还田时，使后茬作物发生药害，这种现象就叫做二次药害。如使用稻瘟醇防治水稻稻瘟病后，用稻草做堆肥，稻草在腐烂发酵的过程中，残留在稻草中的稻瘟醇被微生物分解成对作物有严重药害的三氯苯甲酸、四氯苯甲酸及五氯苯甲酸等。如果把这些含有容易产生药害的有毒化合物的堆肥用于水稻、豆类、瓜类、烟草及蔬菜等后茬作物，就会使后茬作物幼苗畸形，造成二次药害。

（二）按药害发生的作物栽培时间划分

农药药害按发生的作物栽培时间划分，可以分为直接药害、间接药害两种情况。

1. 直接药害

使用农药防治农作物病、虫、草、鼠害后，对当时、当季作物造成的药害，叫做直接药害。

2. 间接药害

使用农药防治农作物病、虫、草、鼠害时，因使用农药不当，对下茬、下季作物造成的药害，或者因前茬作物使用的农药残留引起的当茬作物药害，或者是当季作物使用农药防治本田作物因气候条件将药剂漂移到周边或周围作物上造成的药害，就叫做间接药害。

(三)按药害症状的性质划分

农药药害按药害症状的性质划分，可以分为隐患性药害、可见性药害两种情况。

1. 隐患性药害

隐患性药害也称为隐性药害。药害并没有在形态上表现出来，难以直接观察到，但最终造成产量和品质下降。如丁草胺对水稻根系的药害，由于无法观察到，没有办法挽救，常使水稻每穗粒数、千粒重下降，从而影响产量和品质。

2. 可见性药害

可见性药害是指药害在作物外观表现症状，通常肉眼可以分辨在作物不同部位形态上的异常表现。这类药害可以根据症状不同分为如下两种。

(1)激素型药害

激素型药害主要表现为叶色反常、变绿或黄化、生长停滞、矮缩、茎叶扭曲、心叶变形，直至死亡。如二氯喹啉酸引起水稻药害，表现为心叶卷曲，出现典型的葱管状症状。

(2)触杀型药害

触杀型药害主要表现为组织出现黄、褐、白色坏死斑点，直至茎、鞘、叶片等组织枯死。如百草枯等除草剂漂移到作物叶片上，敌敌畏使用浓度过高时在水稻叶片上均产生白色枯死斑。

二、常见的药害症状

农药对农业的生产起了很重要的作用，同时也给作物带来或多或少的不利影响，如果这种不利的影响加重，引起作物出现不正常的反应，造成减产和品质下降，即是药害。药害有轻有重、有急有缓，就症状归纳起来有以下 8 种。

（一）斑点

斑点是作物表面局部的坏死，坏死是作物的部分器官、组织或细胞的死亡，主要表现在作物叶片上，也可以在叶缘、叶脉间或者叶脉及其近缘，有时也发生在茎秆或果实的表皮上。坏死部分的颜色差异很大，常见的有黄斑、褐斑、枯斑、网斑等。如丁草胺在水稻本田初期施用造成褐斑；代森锰锌浓度高会引起稻叶边缘枯斑；氟磺胺草醚应用于大豆时，在高温、强光下，叶片上会出现不规则的黄褐色斑块，造成局部坏死。有时斑点也表现在茎枝和果实上，如梨小果时施用代森锰锌易出现果面斑点。

（二）黄化

黄化的原因是农药阻碍了叶绿素的合成，或阻断叶绿素的光合作用，或破坏叶绿素，表现在植株茎叶部位，以叶片发生较多。黄化是叶片内叶绿体崩解、叶绿素分解。黄化症状可发生在叶缘、叶尖、叶脉间或叶脉及其近缘，也可导致全叶黄化。黄化的程度因农药的种类和作物的种类而异，有完全白化苗、黄化苗，也有仅仅是部分黄化。如脲类、嘧啶类除草剂是典型的光合作用抑制剂，禾本科、十字花科、葫芦科和豆科作物的根部吸收后，药剂随蒸腾作用向茎叶转移，首先是植株下部叶片表现症状，豆科和葫芦科作物沿叶脉出现黄白化，十字花科作物在叶脉间出现黄白化。这类除草剂用做茎叶喷雾时，在叶脉间出现褪绿黄化症状，但出现症状的时间要比用做土壤处理的快。还有很多农药都会使作物出现黄化现象，如速灭杀丁在西瓜上施用引起新梢发黄；适用于麦田的苯磺隆漂移到其他作物上出现黄化等。

（三）畸形

植物的各个器官都可能发生这种药害，主要表现在作物茎叶和根部、果实等部位。常见的畸形有卷叶、丛生、根肿、畸形穗、畸形果等。如水稻受 2，4-D 药害，出现心叶扭曲、叶片僵硬，并有筒状叶和畸形穗产生。对西红柿喷洒高浓度的萘乙酸会出现卷叶，2，4-D 施用不当出现空心果、畸形果；瓜类受 2，4-D 药害出现扇形叶，纯度不高的三十烷醇易使西红柿嫩叶卷曲等。再如抑制蛋白质合成的除草剂应用于水稻，在过量使用的情况下会出现植株矮化、叶片变宽、色浓绿、叶身和叶鞘缩短、出叶顺序错位、抽出心叶常成蛇形扭曲。这类症状也是畸形的一种。植物生长调节剂使用浓度过高或者使用次数频繁，也会使作物茎叶或果实产生畸形。

（四）枯萎

它是整株作物表现症状，先黄化后死株，一般表现过程缓慢。这种药害一般都是全株表现，主要是除草剂药害，如西瓜苗受绿麦隆药害出现嫩叶黄化、叶缘枯焦、植株萎缩；豆类喷洒高浓度的杀虫剂出现枯焦、萎蔫、死苗等药害；水稻过量使用甲磺隆，或前茬作物麦田使用甲磺隆残留过高，都会使水稻产生枯萎症状。

（五）停滞生长

这种药害表现为植株生长缓慢，植株生长受到明显抑制，并伴随植株矮化，一般除草剂的药害抑制生长现象较普遍。这种症状通常是生长抑制剂、除草剂施用不当出现的药害，如水稻移栽后喷施丁草胺不当，除出现褐斑外，还表现生长缓慢；矮壮素用量过大也会引起作物生长停滞；油菜使用绿麦隆不当，表现生长迟缓、分枝减少、对产量有一定影响；多效唑用于连晚秧田，若不作移栽处理，采用拔秧留苗栽培，则使秧苗生长缓慢，影响正常抽穗。

（六）不孕

在作物生殖生长期用药不当，会引起不孕症状。引起这类药害的主要原因是花期用药不当，如在水稻孕穗、抽穗时施用稻脚青等有机胂类杀菌剂，会导致水稻不孕而造成空秕粒。

（七）脱落

作物的叶片、果实受药害后，在叶柄或果柄处形成离层而脱落。这类症状主要表现在果树和其他双子叶植物上，特别是在柑橘上最易见到，大田作物如大豆、花生、棉花等也时有发生，有落花、落叶、落果等症状。如桃树施用水胺硫磷和花期施用氧化乐果造成落叶，或受铜制剂影响出现落叶；梨树施用甲胺磷引起落花；山楂施用乙烯利不当引起落果、落叶；波尔多液可引起苹果落花、落果；石硫合剂对苹果也可引起落果；苯磺隆漂移到大豆上，也会出现落叶等。

（八）劣果

这种症状主要表现在作物的果实上。果实出现药害有时表现为果实体积变小、果表异常、品质变劣，影响食用和商品价值。如西瓜受乙烯利药害，瓜瓤暗红色、有异味；番茄遭受铜制剂药害，果实表面细胞死亡，形成褐果现象；葡萄受增产灵药害，表现果穗松散，果实缩小。

三、药害与病害症状的区别

农作物病害与药害等不易区分，但是它们之间存在着根本的区别，那就是症状不同。

（一）斑点型药害与生理性病害的区别

斑点型药害在植株上分布往往无规律，全田亦表现有轻有重；而生理性病害通常发生普遍，植株出现症状的部位较一致。斑点型药害与真菌性病害也有所不同。前者斑点大小、形状变化大；后者具有发病中心，斑点形状较一致。

（二）黄化型药害与缺素黄化症的区别

药害引起的黄化往往由黄叶发展成枯叶，阳光充足的天气多，黄化产生快；缺乏营养元素出现的黄化，阴雨天多，黄化产生慢，且黄化常与土壤肥力和施肥水平有关，在全田黄苗表现一致。与病毒引起的黄化相比，缺素黄化症黄叶常有碎绿状表现，且病株表现系统性病状，病株与健株混生。

(三)畸形型药害与病毒病畸形症的区别

药害引起的畸形发生具有普遍性，在植株上表现局部症状；病毒病引起畸形往往零星发病，常在叶片上混有碎绿、明脉、皱叶等症状。

(四)药害枯萎与侵染性病害枯萎症的区别

药害引起的枯萎无发病中心，且大多发生过程迟缓，先黄化、后死株，根茎疏导组织无褐变；侵染性病害所引起的枯萎多是疏导组织堵塞，在阳光充足、蒸发量大时先萎蔫，后失绿死株，根基导管常有褐变。

(五)药害缓长与生理性病害的发僵和缺素症的区别

药害引起的缓长往往伴有药斑或其他药害症状，而生理性中毒发僵表现为根系生长差，缺素症发僵则表现为叶色发黄或暗绿等。

(六)药害劣果与病害劣果的区别

药害劣果只有病状，没有病症，除劣果外，也表现出其他药害症状；病害劣果有病状，且多数有病症，而一些没有病症的病毒性病害，往往表现出系统性症状，或者不表现其他症状。

模块六　植保机械使用与维护

第一节　植保机械的概述

植物保护是农林生产的重要组成部分，是确保农林业丰产丰收的重要措施之一。为了经济而有效地进行植物保护，应发挥各种防治方法和积极作用，贯彻"预防为主，综合防治"的方针，把病、虫、草害以及其他有害生物消灭于危害之前，不使其成灾。植物保护机械用于防治为害植物的病、虫、杂草等的各类机械和工具的总称，简称植保机械。

第二节　植保机械的分类

一、植保机械(施药机械)的种类

(1)按喷施农药的剂型和用途分类分为喷雾机、喷粉机、喷烟(烟雾)机、撒粒机、拌种机、土壤消毒机等。

(2)按配套动力进行分类分为人力植保机具、畜力植保机具、小型动力植保机具、大型机引或自走式植保机具、航空喷洒装置等。

(3)按操作、携带、运载方式分类，人力植保机具可分为手持式、手摇式、肩挂式、背负式、胸挂式、踏板式等；小型动力植保机具可分为担架式、背负式、手提式、手推车式等；大型动力植保机具可分为牵引式、悬挂式、自走式等。

(4)按施液量多少分类可分为常量喷雾、低量喷雾、微量（超低量）喷雾。但施液量的划分尚无统一标准。

(5)按雾化方式分类可分为液力喷雾机、气力喷雾机、热力喷雾（热力雾化的烟雾）机、离心喷雾机、静电喷雾机等。气力喷雾机起初常利用风机产生的高速气流雾化，雾滴尺寸可达100微米，称之为弥雾机；近年来又出现了利用高压气泵（往复式或回转式空气压缩机）产生的压缩空气进行雾化，由于药液出口处极高的气流速度，形成与烟雾尺寸相当的雾滴，称之为常温烟雾机或冷烟雾机。还有一种用于果园的风送喷雾机，用液泵将药液雾化成雾滴，然后用风机产生的大容量气流将雾滴送向靶标，使雾滴输送得更远，并改善了雾滴在枝叶丛中的穿透能力。

二、常用杀虫灯具

（一）佳多频振式杀虫灯

佳多频振式杀虫灯可广泛用于作物、林木、蔬菜、烟草、仓储、酒业酿造、园林、果园、城镇绿化、水产养殖等，特别是被棉铃虫侵害的领域。可诱杀多种害虫，主要有棉铃虫、金龟子、地老虎、玉米螟、吸果夜蛾、甜菜夜蛾、斜纹夜蛾、松毛虫、美国白蛾、天牛等87科1287种害虫。据试验，平均每天每盏灯诱杀害虫几千头，高峰期可达上万头。降低落卵量达70%。诱杀成虫效果显著。

由于佳频振式杀虫灯将害虫直接诱杀在成虫期，而不是像农药主要灭杀幼虫，大大提高了防治效果。同时又避免了害虫抗药性的发生和喷洒农药对害虫天敌的误杀，有的用户反映在挂灯后，翌年田里的害虫很少，而未挂灯的邻村田里则害虫成灾。

使用佳多频振式杀虫灯有以下优点：

保护天敌，维护生态平衡。据试验，频振式杀虫灯的益害比为 1∶97.6，比高压汞灯（1∶36.7）低 62.4％，表明频振式杀虫灯对害虫天敌的伤害小，诱集害虫专一性强。频振式杀虫灯诱到活成虫后，可以将成虫饲养产卵，作为寄主让寄生蜂寄生后放回大田，让天敌作为饲料，有利于大田天敌种群数量的增长，维护生态平衡。

减少环境污染，降低农药残留。频振式杀虫灯是通过物理方法诱杀害虫，与常规管理相比，每茬减少用药 2～3 次；大大减少农药用量，降低农药残留，提高农产品品质，减少对环境的污染，避免人畜中毒事件，适合无公害农产品的生产。不会使害虫产生任何抗性，并将害虫杀灭在对农作物的危害之前。

控制面积大，投入成本低。每盏杀虫灯有效控制面积可达 30～60 亩，亩投入成本低，单灯功率 30 瓦，每晚耗电 0.5 度，仅为高压汞灯的 9.4％。如果全年开灯按 100 天，每天 8～10 小时计，灯价、电费和其他设备费用，平均每亩投入成本仅为 5.2～6 元，一年如减少两次人工用药防治，以每台控制 60 亩面积计算可减少药本人工支出 1500 元左右。

使用简单，操作方便。如果在果园或农田边的池塘里挂上频振式杀虫灯，就形成了一个良性生态链：杀虫灯杀灭害虫，害虫喂鱼、鱼拉粪便肥水，肥水淋施果、菜，既减轻了种养成本，又优化了生态环境。诱捕到的害虫没有农药和化学元素试剂的污染，是家禽、鱼、蛙优质的天然饲料，用于生态养殖，变废为宝，经济效益、生态效益、社会效益显著。

（二）佳多牌自动虫情测报灯

随昼夜变化自动开闭，自动完成诱虫、收集、分装等系统作业，留有升级接口。设置了 8 位自动转换系统，可实现接虫器自动转换。如遇节假日等特殊情况，当天未能及时收虫，虫体可按天存放，从而减轻测报人员工作强度，节省工作时间。利用远红外快速处理虫体。与常规使用毒瓶（氰化钾、敌敌畏）

等毒杀昆虫相比，避免造成虫情测报人员的人体危害，减少环境污染；增设雨控装置，雨水自动排出箱外，避免雨水和昆虫的混淆；灯光引诱、远红外处理虫体、接虫器自动转换等功能使虫体新鲜、干燥、完整，利于昆虫种类鉴定，便于制作标本。

佳多牌自动虫情测报灯的产品特点：

(1)采用不锈钢结构，利用光、电、数控技术。

(2)晚上自动开灯，白天自动关灯。减轻测报人员工作强度，节省工作时间。

(3)利用远红外处理虫体。与常规使用毒瓶(氰化钾、敌敌畏等)毒杀方式相比，不会危害测报工作者身体健康，避免有毒物质造成环境污染。

(4)接虫盒自动转换。如遇特殊情况，当天没有进行收虫，特设置8位自动转换系统，虫体按天存放。

(5)灯光引诱、远红外处理虫体等功能便于制作标本。

(6)设有雨控装置开关，将雨水自动排出。

(7)诱虫光源：20瓦黑光灯管或200瓦白炽灯泡。

(8)电源电压：交流220V

(9)功耗：待机状态≤5瓦(工作状态)≤300瓦(平均功率)。

(三)佳多定量风流孢子捕捉仪

佳多定量风流孢子捕捉仪可检测农林作物生长区域内空气中的真菌孢子及花粉，主要用于监测病害孢子存量及其扩散动态，通过配套工具光电显微镜与计算机连接，显示、存储、编辑病菌图像，为预测和预防病害流行提供可靠数据，是农业植保和植物病理学研究部门必备的病害监测专用设备。也可根据用户需要增设时控、调速装置。

第三节 植保机械的使用与维护

一、手动喷雾器的使用技术

(一)喷头的选择

喷头是施药机具最为重要的部件之一，是关系施药效果的关键因素。它在农药使用过程中的作用包括：计量施药液量、决定喷雾形状（如扇形雾或空心圆锥雾）和把药液雾化成细小雾滴。

1. 扇形雾喷头

药液从椭圆形或双突状的喷孔中呈扇面喷出，扇面逐渐变薄，裂解成雾滴。扇开雾头所产生的雾滴大都沉积在喷头下面的椭圆形区域内，雾滴分布均匀，主要用于安装在喷杆上进行除草剂的喷洒，也可喷洒杀虫剂或杀菌剂用于作物苗期病虫害的防治。喷除草剂或做土壤处理时，喷头离地面高度为0.5米；喷杀虫剂、杀菌剂和生长调节剂时，喷头离作物高度0.3米。采用顺风单侧平行推进法喷雾，严禁将喷头左右摆动。首先将扇形喷头的开口方向调整到与喷杆方向垂直，施药时手持喷杆与身体一侧，保持一定距离（以直线前进时踩不到施药带为宜）和一定高度，直线前进即可。

2. 空心圆锥雾喷头

空心圆锥雾喷头的喷孔片中央部位有1个喷液孔，按照规定，这种喷头应该配备有1组孔径大小不同的4个喷孔片，它们的孔径分别是0.7毫米、1.0毫米、1.3毫米和1.6毫米，在相同压力下喷孔直径越大则药液流量也越大。用户可以根据不同的作物和病、虫、草害，选用适宜的喷孔片。由于喷孔的直径决定着药液流量和雾滴大小，操作者切记不得用工具任意扩大喷片的孔径，以免破坏喷雾器应用的特性。用于喷洒杀虫剂和杀菌剂等，适用于作物各个生长期的病虫害防治，但不宜用于喷洒除草剂。施药时应使喷头与作物保持一定距离，避免因距离过近直接喷洒而造成药液流淌、分布不均匀等现象。采用顺风单侧多行交叉"之"字形喷雾方法，确保施药人员处在无药区。

3. 可调喷头

可根据不同防治对象，旋转调节喷头帽而改变雾锥角和射程，但调节喷头对其雾化质量有很大影响。随着旋转喷头帽角度的增大，雾滴直径将显著变粗，甚至变成水柱状，此时虽可进行果树施药，但农药流失量大，浪费严重。此喷头的流量大，主要用于喷洒土壤处理型除草剂和作物基部病虫害的防治。

(二)喷雾器中除草剂稀释需注意的问题

为了施药方便，现在许多农民朋友在喷施除草剂时都不单独配制稀释液，而是将除草剂加入喷雾器中，在喷雾器中配制稀释液后直接喷施，但是由于对配制除草剂稀释液的技术掌握不好，在配制过程中往往会出现问题直接影响除草剂的防效，在配制过程中必须注意以下四个问题：

一是除草剂的剂型：除草剂的剂型有很多，例如乳剂、水剂、胶悬剂。胶悬剂见水后很快溶解并扩散，对这些剂型的除草剂可采用一步稀释法配制，即将一定量的除草剂直接加入喷雾器中稀释，稀释后即可喷施。72％都尔乳剂、90％禾耐斯乳油都可采用这种方法。可湿性粉剂，干燥悬乳剂等剂型不能采用一步稀释法，而必须采用两步稀释法配制：第一步是按要求准确称取除草剂加少量水搅动，使其充分溶解即为母液，75％巨星干燥悬乳剂、25％除草醚可湿性粉剂必须采取这种方法稀释，而决不能采取一步稀释法。

二是配制稀释剂：在喷雾器中配制稀释液，必须先在药箱中加入约10厘米深的水后才可将药剂或母液慢慢加入药箱，然后加水至水线即可喷施，决不能在水箱中未加清水前或将水箱加满清水后倒入药剂或母液，因为这样很难配制出均匀的稀释液，会严重影响防治效果。

三是药箱中药液配好后要立即喷施，因为各种除草剂的比重不是完全一样，如除草剂比重比水大，存放一段时间后除草剂会下沉，造成下部药液浓度大，上部药液浓度小，严重影响除草效果。

四是喷雾器中的稀释液以加至喷雾器的水位线为好，决不能一下子充满。如将喷雾器药箱充满，在施药人员行走时，药液难以晃动，药剂容易出现下沉或上浮现象，影响药液均匀度，从而影响除草剂效果。另外，在施药人员施药时药液还容易从药箱上口溅出来，滴到施药人员身上，所以药箱中的药液一定不要加得太满。

（三）喷雾器的清洗

喷雾器等小型农用药械在喷完药后应立即进行清洗处理，特别是剧毒农药和除草剂，要立即将药械桶内清洗干净，否则对农作物或蔬菜就会产生毒害、药害。

具体清洗方法：

（1）一般杀虫剂、除草剂、微肥等，用药后反复清洗、倒置、晾干即可。对毒性大的农药要多清洗几遍。

（2）除草剂的清洗：

①如常见的除草药，玉米、大豆田的封闭药（阿胶、乙草胺等）用后立即清洗2～3遍，再用清水灌满喷雾器浸泡半天到一天，倒掉后再清洗两遍就可以了。

②对克无踪、百草枯的清洗，针对克无踪遇土便可钝化，失去除草活性原理，故而在打完除草剂克无踪后马上用泥水清洗数遍，再用清水洗净。

③2,4-D丁酯比较难清洗，对花生等阔叶植物有害，应用0.5%的硫酸亚铁溶液充分洗刷，再用清水冲洗。

二、机动喷雾器的使用技术

（一）加燃油

如"东方红"WFB-18AC背负式喷雾器使用的燃料为汽油和机油的混合油，严禁使用其他牌号的机油，汽油与机油的容积混合比为25∶1。

(1)加油时按照容积混合比配置混合油，充分摇匀后注入油箱。

(2)加油时若溅到油箱外面，请擦拭干净；不要加油过满，以防溢出。

(3)加燃油后请把油箱盖拧紧，防止作业过程中燃油溢出。

注意：

(1)严禁使用纯汽油作燃料。

(2)若使用劣质汽油及机油，火花塞、缸体、活赛环、消音器等部件容易积炭，影响汽油机的使用性能，甚至损坏汽油机。

(3)加燃油时避免皮肤直接与汽油接触，以免伤害身体。

（二）起动与停机

起动之前，把机器放在平稳牢固的地方，确定无旁观人员。在接近汽油、煤气等易燃物品的地方不要操作本机。

1. 起动前的检查

(1)新机开箱后，对照装箱清单检查随机零件是否齐全，并检查各零部件安装是否正确牢固。

(2)检查火花塞各连接处是否松脱，火花塞两电极间隙是否符合要求，火花塞是否正常。

(3)将起动器轻轻拉动几次检查机器转动是否正常。

2. 冷机起动

(1)将静电开关至于"关"位置。

（2）将化油器上阻风门置于全开位置。

（3）轻轻拉出启动绳，反复拉动几次，使混合油进入箱体。注意启动绳返回时，切不可松手，应手握启动器拉绳手柄让其自动缩回，以防损坏启动器。

（4）将化油器阻风门置于全闭位置，再用力拉动启动绳。

（5）发动机启动后，将阻风门置于全开位置，让机器低速运转3～5分钟后，再将油门置于高速位置进行喷洒作业。

3．热机起动

（1）发动机在热机状态下起动时，应将阻风门置于全开位置。

（2）起动时，如吸入燃油过多，可将油门手柄和阻风门置于全开位置，卸下火花塞，拉动起动绳5～6次，将多余的燃油排出，然后装上火花塞，接前述方法起动。

4．停机

（1）将油门手柄松开即可。

（2）喷雾时，先关闭药液开关再停机。

注意：起动后和停机前必须空转3～5分钟，严禁空载高速运转，防止汽油机飞车造成零件损坏或出现人身事故，严禁高速停车。

（三）喷雾、喷粉作业

1．喷雾作业

（1）喷雾作业前的准备

①加药液前，先加入清水试喷一次，检查各处有无渗漏。

②加药时应先关闭输液开关，加液不可过急、过满以防外溢。

③药液必须干净，以免堵塞喷嘴。

（2）喷雾作业

起动机器后背起机器，调整操纵手柄，使汽油稳定在额定转速左右，打开输液开关，用手摆动喷管即可进行喷雾作业。在一段长时间的高速运转后，应使机器低速运转一段时间，以使机器内的热量可以随着冷空气驱散，这样有助于延长机器使用寿命。

（1）控制单位面积喷量，可通过调量阀完成，位置1喷量最小，位置4喷量最大。

（2）控制单位面积喷量，除用调量阀进行速度调节外，还可以转动药液开关角度，改变药液通道截面来调节。

（3）喷洒灌木可将弯管向下，防止药液向上飞。

（4）由于雾滴极细，不易观察喷洒情况，一般认为植物叶子只要被吹动，证明药液已到达了。

机动喷雾器的工作原理：

汽油机带动风机叶轮旋转产生高速气流，并在风机出口处形成一定压力，其中大部分高速气流经风机出口流入喷管，少量气流经风机上部的出口，经导风软管，穿过进气塞上的小孔进入塑料软管，到达药箱上面的出气嘴，进入药箱，在药箱的内部形成压力。药液在压力的作用下，通过出液塞流入药箱外部的塑料软管，经过开关到调量阀流入喷嘴，从喷嘴小孔流出的药液，被喷管内的高速气流吹成极细的雾滴，雾滴经过喷头的静电喷片带上静电，然后喷向前方。

2. 喷粉作业

（1）喷粉时，将粉门开关放在全闭位置，即"一"号位置，然后再加药粉，以免开机后有药剂喷出。

（2）加入的药粉应干燥，无结块，无杂物。

（3）加入的粉剂最好当天用完，不要长时间存在药箱里，因粉剂存放时间长易吸收水分，形成结块，再次使用时排除困难，并容易失效。

（4）加入药粉后，药箱口螺纹处的残留药粉要清扫干净，再旋紧箱盖，以防漏粉。

(5)起动发动机，背起机器，调整油门操手柄使汽油机达到额定转速，调整粉门轴即可进行喷粉作业。

（四）技术保养与长期保存

1. 整机的保养

(1)经常清理机器的油污和灰尘，尤其喷粉作业更应勤擦洗(用清水清洗药箱，汽油机橡胶件只能用布擦不能用水冲)。

(2)喷雾作业后应清除药箱内的残液，并将各部件擦洗干净。

(3)喷粉后，应将粉门处及药箱内外清扫干净，尤其是喷洒颗粒农药后一定要清扫干净。

(4)用汽油清洗化油器。过脏的空滤器会使汽油机功率降低，增加燃油消耗量及使机器起动困难，化油器海绵用汽油清洗，将海绵体吹干后再装，一定要更换已经损坏的过滤器。

2. 汽油机的保养

(1)燃油里混有灰尘、杂质和水，积存过多容易使发动机工作失调，因此应经常清理燃油系统。

(2)油箱及化油器里如有残油，长期不用会结胶，堵塞油路，使发动机不能正常工作，因此一周以上不使用机器时，一定要将燃油放干净。

(3)每天工作完后要清洗空气滤清器，海绵用汽油清洗后要将油挤干后再装入。

(4)火花塞的间隙为 0.6～0.7mm，应经常检查，过大或过小都应进行调整。

3. 长期保存

(1)将油箱、化油器内的燃油全部放掉，并清洗干净。

(2)将粉门及药箱内外表面清洗干净，特别是粉门部位，如有残留农药就会引起粉门动作不畅，漏粉严重。

(3)将机器外表面擦洗干净，特别是缸体散热片等金属表面涂上防锈油。

(4)卸下火花塞,向汽缸内注入 15～20g 二冲程汽油机专用机油,用手轻拉启动器,将活塞转到上止点位置,装上火花塞。

(5)喷管、塑料管等清洗干净,另行存放,不要暴晒、挤压、碰撞。

(6)整机用塑料薄膜盖好,放到通风干燥的地方。

注意:

(1)不要将机器放到靠近火源的地方,也不要放到儿童及未经允许的人接触到的地方。

(2)不要与酸、碱等有腐蚀性的化学物品放在一起。

三、背负式机动喷雾器常见故障判断及排除方法

该机所配汽油机为二冲程汽油机,与四冲程汽油机有一定区别,所以故障判断与排除方法应与四冲程汽油机分开,不能一概而论。主要问题出现在电路、油路、压缩、密封和杂音上,具体分析如下:

(一)电路

表现为不着车和运转中转速不稳,有明显断火现象,主要表现在内转子、外转子和火花塞上。内转子定子与转子间隙小则跳火错乱,大则出现断火,这种情况下将定子与转子间隙调到 0.25～0.35mm 之间即可排除故障。外转子则体现在定子上的电子块和所连接线路,如电子块击穿,连接线开焊造成接触不良,也会出现同样问题。另外,当火花塞电极间隙小于 0.5mm 或大于 0.7mm 时同样会出现连火或断火现象,表现为转速不稳、无缓和,这时将火花塞电极间隙调到 0.5mm～0.7mm 之间,故障即可排除。当连接线断开,火花塞积炭则会出现不打火不着车现象,这时应逐一检查,当起动时曲轴箱和燃烧室内燃油过多,油会将火花塞电极间隙粘连,致使无法

打火而不能起动(俗称淹嘴子)，这时应将火花塞取下将电极间擦拭干净，关闭油门空拉几下，将油排除，安火花塞，重新起动即可。

(二)油路

表现为不着车(不供油)，转速不稳，没有高速。作业后应将油门关掉，起动发动机把油杯内剩余的燃油烧尽，这样可以避免汽油挥发后油杯内的机油将主量孔堵塞而造成不吸油、不着车。

(1)当化油器富油时会出现转速不稳，消音器有黑烟冒出，但与电路的故障表现有区别，主要表现为转速上下有缓和，反复出现高低速。这时应将油针取出将扁卡簧向上调1～2格，故障即可排除。

(2)操作时，油门开大，转速反而下降，同时缸体温度较高，可判断为贫油，这时将油针取出将扁卡簧向下调1～2格，如问题还不解决，打开油杯，观察主量孔是否堵塞，如堵塞将其用针或钢丝通开，如没堵塞将浮子支架向上调1～2mm问题即可排除。

(3)不供油或供油不足，表现为不下油，这时可以从上而下检查油开关及化油器下油孔，确定位置后用钢丝或化油器清洗剂通开，当下油孔堵塞轻微时因供油不足会出现转速不稳，表现为转速有大的反复，应用钢丝通开。

(三)压缩

压缩不足表现为没有高速，不起动或不易起动。此时检查缸盖螺母是否松动，活塞、活塞环是否磨损过度或折断，缸体内壁是否有划痕，镀铬层是否脱落且磨损过度及火花塞是否松动。确定某个或几个零部件松动或损坏时及时紧固或更换。

(四)密封

主要指加垫部位的密封，有缸盖铝垫、缸体纸垫、法兰纸垫、曲轴箱垫、油封和化油器纸垫，其中除化油器纸垫外其他如有损坏或漏气都会引起机器不能起动。如法兰纸垫、曲轴箱垫，前油封漏气会出现发动机不熄火。当不停车时，先看化油器风阻拉杆有没有放到位，再看法兰固定螺钉是否松动，纸垫有无损坏（大多数下侧漏气），缸体纸垫有无漏气（大多数在曲轴箱结合处上口位置），曲轴箱垫如有机油漏出则可定为漏气，最后检查后油封（磁电极处）。当不着车时，看缸盖铝垫处有无黑油吹出，油封处有无大量机油渗出，其他纸垫有无大部分破损，如有则按位置将故障排除。

（五）杂音

首先，仔细观察是哪个部位发出的声音，如塑与塑（风机与塑料叶轮）之间、塑与铝（风机与铝叶轮）之间、铝与铝（冷却风扇与曲轴箱）之间、铝与铁（回弹器连接盘与回弹器拨插）之间、铁与铁（转子与定子）之间，这些都有固定的位置，所发出的声音也不同。另外，高速时发出很明显的"哗哗"声可确定为轴承处（不多见，属个别），当出现"铛铛"声时，可判断为风机大螺母松动或活塞顶缸盖（顶缸盖属个别不多见），在确定故障发生位置后手动排除问题。

（六）消音器喷黑油

本机使用混合油做燃料，而机油本身不能燃烧，需中速或高速才能排出发动机外，当机器低速或怠速运转时因速度低大部分不能排出消音器，当起高速时则会有大量黑烟伴有黑油喷出，这时可连续开高速，将积在消音器内的黑油排出即可。

四、背负式机动喷雾器使用注意事项及节油技术

（一）供油系统

保持汽化器良好的技术状态，使进入气缸内的混合气不浓也不稀。如混合气过浓，发动机冒黑烟，燃烧不完全，油耗增加，功率下降；混合气过稀，燃烧缓慢，工作时间延长。汽化

器的喷管量孔增大，浮子室油面不正常，油针卡簧和风量活塞高度调整不当等，都会使混合气过浓或过稀，油耗增加，功率下降东方红－18 型喷雾器配套的 IE40FP 汽油机。转速达到5000 转/分，就可满足喷雾器要求。如果把油门调整到最大位置，即风量活塞处全开，油针卡簧放在最下格，汽油机转速能达到 6000 转/分以上，此时汽油消耗比正常要高出 27% 左右，使油耗增加。

（二）点火系统

根据资料分析表明，点火角度相差 1°，油耗即增加 1%，点火过早，不仅使气缸内压力升高过早，还使气缸内经常处于爆燃状态，导致烧坏活塞、火花塞绝缘体等；点火过迟，混合气的燃烧延迟到上孔点后，燃烧时的最高压力和最高温度下降，由于燃烧时间延长，排气温度升高，热损失增多，使发动机功率下降，油耗增加。白金间隙过大，易产生断火；间隙过小，易烧白金，产生的火花弱，混合气燃烧不彻底，油耗增加。

（三）压缩系统

压缩良好的汽油机，其气缸压力高，混合气点燃速度快，爆发力大，发动机工作效率高。汽缸漏气时，压力降低，发动机工作性能破坏，油耗增加。工作中如发现漏气，应立即排除故障，不要带病工作。气缸、活塞、活塞环等磨损，会引起气缸压力降低；曲轴箱结合面、轴承油封漏气，也会使气缸压力下降，油耗增加。此外，每天作业结束后，用汽油清洗空气滤清器，做到进气干净、无阻。混合油要随用随配。熄火时，要先关油门，尽量不要用断电办法熄火，以免混合油流入曲轴箱，造成混合气过浓，下次起动困难。风扇转动应平稳、无杂音，药具保持完好不变形。夏天作业结束或休息时，应把机器放在阴凉处，不要在太阳下暴晒，以免汽油蒸发造成浪费。

五、机动喷雾器安全操作注意事项

(1)本机所排放的废气中含有毒气体，为了确保您的身体不受伤害，在室内、通风不畅的地方不要使用。

(2)消音器护罩，缸体和导风罩表面温度较高，起后不要用手触摸，以防烫伤。

(3)作业时必须确定周围无旁观人员，作业时高速气流能把小的物体吹向远方，所以喷管前严禁站人！

(4)作业过程中若有机器异响，请立即停止作业，关闭机器后再检查情况。

(5)为了安全有效地喷洒，工作人员要逆风而行，喷口方向要顺风喷洒。

(6)喷洒药剂时应避开中午高温期，最好在早上和下午无风较凉爽的天气进行，这样可以减少药的挥发和飘移，提高防治效果。

(7)为了保证操作者的健康和安全延长机器的使用寿命，请一天工作时间不要超过 2 小时，持续工作不要超过 10 分钟。

(8)本机带有静电发生装置，请使用时将接地线与大地接触，防止触电。

第四节　新型植保器械

一、喷头的选择和安装

喷头是施药机具最为重要的部件，是关系施药效果的关键因素。它在农药使用过程中的作用包括：计量施药液量、决定喷雾形状(如扇形雾或空心圆锥雾)和把药液雾化成细小雾滴。喷头一般由四部分组成，滤网、喷头冒、喷头体和喷嘴(喷片)。不同的喷头有其使用范围。我国手动喷雾器上多安装的是切向离心式祸流芯喷头，即常说的空心圆锥雾喷头，也有些新型手动喷雾器装配有扇形雾喷头，便于除草剂的使用。喷头在工作中会有不同程度的磨损，当发现喷出的雾形有明显改变，如雾形圆锥面不圆、有棱角，就应及时更换喷头。

（1）空心圆锥雾喷头的喷孔片中央部位有一喷液孔，按照规定，这种喷头应该配备有 1 组孔径大小不同的 4 个喷孔片，它们的孔径分别是 0.7 毫米、1.0 毫米、1.3 毫米和 1.6 毫米，在相同压力下喷孔直径越大则药液流量也越大。用户可以根据不同的作物和病虫草害，选用适宜的喷孔片。由于喷孔的直径决定着药液流量和雾滴大小，操作者切记不得用工具任意扩大喷片的孔径，以免破坏喷雾器应用的特性。

（2）扇形雾喷头，药液从椭圆形或双凸桩的喷孔中呈扇面喷出，扇面逐渐变薄，裂解成雾滴。扇形雾喷头所产生的雾滴大都沉积在喷头下面的椭圆形区域内，适合安装在喷杆上进行除草剂的喷洒。

（3）激射式喷头，也称导流式或撞击式喷头，射流液体撞击到体表面后扩展形成液膜，根据撞击表面的角度和形状，液膜形成一定的角度。这种喷头可以形成较宽的喷幅，在较低的工作压力下，能得到雾滴直径 200～400 微米的大雾滴，这特别适合除草剂的喷施。

在喷雾机的喷杆上，禁止混合安装使用不同类型的喷头，确保各喷头喷雾的雾形一致。

二、机具的检查和调整

（1）施药作业前，需要检查施药器械的压力部件、控制部件等，例如喷雾器(机)开关能否自如扳动，药液箱盖上的进气孔是否畅通等，保证器械能够满足施药作业的需要。

（2）在喷雾作业开始前、喷雾机具检修后、拖拉机更换车轮后或者安装新的喷头时，都应该对喷雾机具进行校准。影响喷雾机校准的因子主要有行走速度、喷幅以及药液流量。喷雾作业校准中应遵循以下步骤：

①确定施药液量。农田病虫草害的防治，每公顷所需用农药量(有效成分，克)是确定的，但由于选用施药机具和雾化方法不同，所需用水量变化很大。应根据不同喷雾机具及施药方法和该方法的技术规定来决定田间施药液量(升/公顷)。

②计算行走速度。施药作业前，应根据实际作业情况首先测定喷头流量 Q，并确定机具有效喷幅 B，然后计算行走速度 V。

$$V = \frac{Q}{q \times B} \times 10$$

式中　V——行走速度，米/秒；

　　　Q——喷头流量，毫升/秒；

　　　q——农艺上要求的施药液量，升/公顷；

　　　B——喷雾时的有效喷幅，米。

若计算的行走速度过高或过低，实际作业有困难时，可适当改变施液量，或更换喷头来调整作业速度。

③校核施药液量。药箱内装入额定容量的清水，以上面计算出的行走速度(V)作业前进，测定喷完一箱清水时的行进距离 L，重复 3 次，取平均值。按下式校核施药液量。

$$g' = \frac{G}{B \times L} \times 10^4$$

式中　q'——实际施药液量，升/公顷；

　　　G——药箱额定容量，升；

　　　B——喷雾时的有效喷幅，米；

　　　L——喷完一箱水的行进距离，米。

g' 应满足下式，并保证用药量(农药有效成分)不变。

$$\frac{q'-q}{q} \times 100\% \leqslant \pm 10\%$$

④计算出作业田块需要的用药量和加水量。首先应确定所需处理农田的面积(公顷)。然后，根据所校验的田间施药液量

q'(升/公顷)，确定所需处理农田面积上的实际施药液量 q''（升/处理田块面积）。根据农药说明书或植保手册，确定所选农药的用药量(有效成分，克/公顷)，根据所需处理的实际农田面积，准确计算出实际需用农药量 w(有效成分，克/处理田块面积)。对于小块农田，施药液量不超过 1 药箱的情况下可直接一次性配完药水。若田块面积较大，施药液量超过 1 药箱时，则可以以药箱为单位来配制药水：将上述实际施药液量 q''(升/处理田块面积)除以喷雾器药箱的额定装载容积(G)，得到处理田块上共需喷多少药箱(N)的药水，以及每一药箱中应加入的农药量(w/N)。这时往药箱中加水量为额定装载容量，而每一药箱中应加入的农药量应为 w/N。

凡是需要称重计量的农药，可以在安全场所预先分装。即把每一药箱所需用的农药预先称好，分成几份，带到田间备用。这样，田间作业时，只要记住每一药箱加一份药即可，不至于出错，也比较安全，以免田间风造成对粉末状药剂(如可湿性粉剂)的飘失。

三、施药机械的安全使用

1. 手动喷雾器安全使用注意事项

(1)施药人员在使用背负手动喷雾器喷雾作业时，应先扳动摇杆数次，使气室内的气压达到工作压力后再打开开关，边走边打气边喷雾。如扳动摇杆感到沉重，就不能过分用力，以免气室爆炸。对于老式喷雾器(如工农-16 型等)一般走 2～3 步摇杆上下板动一次，每分钟扳动摇杆 18～25 次即可。新型卫士牌喷雾器使用的是大容量活塞泵，每分钟扳动摇杆 6～8 次就可保持正常工作压力喷雾，可以显著降低工作强度，轻松完成喷雾作业。作业时，空气室中的药液超过安全水位时，应立即停止打气，以免气室爆炸。

(2)施药人员在使用压缩式喷雾器作业时，加药液不能超过规定的水位线，保证有足够的空间储存压缩空气，以便使喷雾压力稳定、均匀。没有安全阀的压缩喷雾器，一定要按产品使用说明书上规定的打气次数打气（一般 30～40 次），禁止加长杠杆打气和两人合力打气，以免药液桶超压爆破。压缩喷雾器使用过程中，药箱内压力会不断下降，当喷头雾化质量下降时，要暂停喷雾，重新打气充压，以保证良好的雾化质量。

（3）手动喷雾器作常量喷雾时应进行针对性喷雾，作低容量喷雾时既可飘移性喷雾，也可针对性喷雾。应针对不同作物、不同病虫草害和农药，选用不同的喷雾方法。应改变目前常见的沿行进方向左右双侧"Z"字形交叉喷雾习惯，提倡顺风单侧"Z"字形喷雾，保证施药人员所在的区域是无药区。

（4）手动喷雾器土壤喷洒除草剂时，要求除草剂在田间沉积分布要均匀，避免局部地块药量过大造成除草剂药害，并且易于飘失的细小雾滴要少，避免雾滴飘失造成邻近敏感作物药害。因此，喷洒除草剂应采用扇形雾喷头。喷雾时要求控制喷头距离地面高度保持一致，手持喷杆于身体一侧，行走路线也要保持一致；平行推进喷雾，避免喷头摆动。有条件时，也可用安装双喷头、三喷头或四喷头的小喷杆喷雾。应尽量避免用空心圆锥雾喷头喷洒除草剂。

（5）当用手动喷雾器防治作物病虫害时，最好选用小喷孔片，切不可用钉子人为把喷孔冲大。这是因为小喷孔片喷头产生的农药雾滴较大喷孔片的雾滴细，有利于提高防治效果。

（6）使用手动喷雾器喷洒触杀性杀虫剂防治作物叶片背面的害虫（例如棉花苗蚜）时，应把喷头向上，采用叶背定向喷雾方法。

（7）使用手动喷雾器喷洒保护性杀菌剂，应在植物未被病原菌浸染前或侵染初期施药，要求雾滴在植物靶标上沉积分布均匀，并有一定的雾滴覆盖密度。

（8）使用手动喷雾器行间喷洒除草剂时，一定要配置喷头防护罩，对靶作业，防止雾滴飘移造成邻近作物药害；喷雾时喷头高度要保持一致，力求药剂沉积分布均匀，不得重喷和漏喷。

（9）几架手动喷雾器同时喷雾作业，应采用梯形前进，下风侧的人先喷，以免人体接触药液。

2. 机动背负气力式喷雾机的安全使用注意事项

机动背负气力式喷雾机使用比较复杂，作业人员一定要仔细阅读使用说明，最好经过机具生产厂家的技术培训。该机适合做低容量喷雾，宜采用针对性喷雾和飘移喷雾相结合的方式施药，不可近距离对着作物植株喷雾。应避免将喷头针对作物的直接喷洒，以及沿行进方向左右"Z"字形喷雾的错误施药方法，应充分利用有效喷幅（一般在 4 米左右），进行叠加喷雾，提高工效和防治效果。具体操作过程如下。

（1）机器启动前药液开关应停在半闭位置。调整油门开关使汽油机高速稳定运转，开启手把开关后，人立即按预定速度和路线前进，严禁停留在一处喷洒，以防引起药害。

（2）行走路线的确定。喷药时行走要匀速，不能忽快忽慢，防止重喷漏喷。行走路线根据风向而定，走向应与风向垂直或成不小于 45°的夹角，操作者应从下风口方向开始作业，喷向与风向一致。

（3）喷施时应采用侧向喷洒，即喷药人员背机前进时，手提喷管向一侧喷洒，一个喷幅接一个喷幅向上风方向移动，使喷幅之间相连接区段的雾滴沉积有一定程度的重叠。操作时还应将喷口稍微向上仰起，并离开作物 20～30 厘米高。离喷口较近的区域雾滴沉积较少，但在进行下一个喷幅时，会有足够的叠加沉积。

（4）当喷完第一喷幅时，先关闭药液开关，减小油门，向上风向移动，行至第二喷幅时再加大油门，打开药液开关继续喷药。

（5）防治棉花伏蚜，应根据棉花长势、结构，分别采取隔

2 行喷 3 行或隔 3 行喷 4 行的方式喷洒。一般在棉株高 0.7 米以下时采用隔 3 喷 4，高于 0.7 米时采用隔 2 喷 3，这样有效喷幅为 2.1～2.8 米。喷洒时把弯管向下，对着棉株中、上部喷，借助风机产生的风力把棉叶吹翻，以提高防治叶背面蚜虫的效果。走一步就左右摆动喷管一次，使喷出的雾滴呈多次扇形累积沉积，提高雾滴覆盖均匀度。

(6)对灌木林丛(如对茶树)喷药，可把喷管的弯管口朝下，防止雾滴向上飞散。

(7)对较高的果树和其他林木喷药，可把弯管口朝上，使喷管与地保持 $60°～70°$ 的夹角，利用田间有上升气流时喷洒。

(8)喷雾时雾滴直径在 125 微米左右，不易观察到雾滴，一般情况下，作物枝叶只要被喷管吹动，雾滴就达到了。不要因为看不见雾滴而担心雾滴没有达到作物，而加大喷雾量，将作物打湿，甚至流淌，这不仅会造成农药浪费，工效降低，而且加重环境污染，防治效果也不理想。

(9)调整施液量除用行进速度来调节外，转动药液开关角度或选用不同的喷量挡位也可调节喷量大小。

(10)机动背负气力式喷雾机适宜采用降低容量喷雾方法，施药液量控制在 150 升/公顷(10 升/亩)以下，避免喷雾机喷头直接对着作物喷雾，以免造成药液从作物叶片上流失。

3. 排除喷头堵塞故障安全注意事项

喷雾施药过程中遇喷头堵塞等情况时，应立即关闭截止阀，先用清水冲洗喷头，然后戴乳胶手套进行故障排除，用毛刷疏通喷孔，严禁用嘴吹吸喷头和滤网。

使用大田喷杆喷雾机时，最好加装特殊的自洁过滤器，以免药液中的药渣堵塞喷雾机的喷头，造成漏喷现象，影响防治效果。

四、施药器械的保养

施药器械每天使用结束后，应倒出药液桶内残余药液，加入少量清水继续喷洒干净，并用清水清洗各部分。每年防治季节过后，应把施药机具的重点部件(如喷头、药液箱等)用热洗涤剂或弱碱水清洗，再用清水洗干净，晾干后存放。具体有如下要求：

(1)施药作业结束后，不能马上把机具放置在仓库中，需要仔细清洗机具和进行保养，以使机具保持良好的工作状态。

(2)喷雾器(机)喷洒除草剂后，一定要用加有清洗剂的清水彻底清洗干净(至少清洗3遍)，避免以后喷洒农药时造成敏感作物药害。

(3)不锈钢制桶身的喷雾器，用清水清洗完后，应擦干桶内积水，然后打开开关，倒挂于室内干燥阴凉处存放。

(4)器械存放前，要对可能锈蚀的部件涂防锈黄油。

(5)机动背负气力式喷雾喷粉机进行喷雾喷粉作业后，要及时清洗化油器和空气滤清器。

(6)机动背负气力式喷雾喷粉机的长薄膜管内不得存粉，拆卸之前空机运转1～2分钟，将长薄膜管内的残粉吹净。

(7)机动背负气力式喷雾喷粉机在长期不用时还要注意定期对汽油机进行保养。

(8)保养后的施药器械应放在干燥通风的库房内，切勿靠近火源，避免露天存放或与农药、酸、碱等腐蚀性物质放在一起。

第五节　无人机植保机械

一、植保无人机喷药和传统喷药技术的区别

(一)植保无人机的概念

植保无人机顾名思义是用于农林植物保护作业的无人驾驶飞机(见图 6-1)，该型无人飞机有飞行平台(固定翼、单旋翼、

多旋翼）、GPS 飞控、喷洒机构 3 部分组成，通过地面遥控或 GPS 飞控，来实现喷洒作业，可以喷洒药剂、种子、粉剂等。目前国内植保无人机技术和产品性能参差不齐，众多产品中绝少有能够满足大面积高强度植保喷洒要求的。

图 6-1　无人机

（二）植保无人机的特点

植保无人机具有作业高度低、飘移少、可空中悬停、无需专用起降机场等优点。旋翼产生的向下气流有助于增加雾流对作物的穿透性，防治效果好，远距离遥控操作，喷洒作业人员避免了暴露于农药的危险，提高了喷洒作业安全性。

无人机喷药服务采用喷雾喷洒方式至少可以节约 50% 的农药使用量，节约 90% 的用水量，这将很大程度上降低资源成本。电动无人机与油动的相比，整体尺寸小，重量轻，折旧率更低、单位作业人工成本不高、易保养。

以上就是植保无人机的一些介绍，在操作植保无人机时要注意安全，远离人群，雷雨天气禁止飞行，要按照正确的操作指南进行操作，需要接受正规的操作练习和指导，同时一定要了解植保无人机遥控最大的范围，购买时也要注意植保无人机的质量。建议在购买时找正规的厂家，可以保证产品安全和完善的售后服务，避免因购买而带来不必要的损失。

（三）植保无人机喷药和传统喷药技术的区别

以前农作物病虫害的防治都是采用传统人工喷药技术来进行的，但是这种传统喷药技术不仅不安全，而且效率非常低下，早已不能满足行业发展的现状，而喷药无人机的出现大大解决了这一难题。那么喷药无人机和传统喷药技术的区别在哪呢？

1. 植保无人机喷药比传统喷药技术更安全

喷药无人机可用于低空农情监测、植保、作物制种辅助授粉等。植保中使用最多的是喷洒农药，携带摄像头的无人机可以多次飞行进行农田巡查，帮助农户更准确地了解粮食生长情况，从而更有针对性地播洒农药，防治害虫或是清除杂草。其效率比人工打药快百倍，还能避免人工打药的中毒危险。

2. 植保无人机喷药比传统喷药技术作业效率更高

喷药无人机旋翼产生向下的气流，扰动了作物叶片，药液更容易渗入，可以减少20％的农药用量，达到最佳喷药效果，理想的飞行高度低于3米，飞行速度小于10米/秒。大大提高作业效率的同时，也更加有效地实现了杀虫效果。而传统的喷药技术速度慢、效率低，很容易发生故障，还可能导致农作物不能提早上市。

3. 植保无人机喷药比传统喷药技术更节省

无人机喷药服务一亩地的价格只需要10块钱，用时也仅仅只有1分钟左右，一个植保作业组包括6个人、1辆轻卡和1辆面包车、4架多旋翼无人机，在5～7天时间内可施药作业1万亩。和以往的传统喷药技术雇人喷药相比，节约了成本、节省了人力和时间。

植保无人机喷药和传统喷药技术的区别在于：植保无人机喷药不仅能够提早预防农作物灾害情况，不浪费资源，而且喷洒均匀、覆盖全面。

二、人机植保的发展现状

无人机植保的研究与应用，在美国、日本、韩国等发达国家已得到了快速的发展，已成为植保服务的主力军；在我国目前处于起步阶段，主要机型有单旋翼直升机和多旋翼直升机两种。早在 20 世纪 90 年代末期，我国就从日本引进了农用无人驾驶无人机，但没有普及应用。国内农用无人机研发始于2005 年，目前已有 10 多家企业和科研单位研发生产农用无人机，并呈现快速增长的趋势。生产的无人机分为油动力、电池动力和油电混合动力 3 种，油动力的又有风冷和水冷两种，载药能力在 5～20 千克之间，价格在 6 万～20 万之间。从生产上来看，产业化还不多，基本处于研发试生产或以销定产阶段；从推广应用来看，由于受鉴定，管理、质量等多方面的限制，基本处于试验、示范阶段，没有进行规模化推广；从农业生产需求来看，需求旺盛，发展前景广阔，市场潜力大，预计2015 年国内无人机需求量将达到 3000 台，2020 年不会低于6000 台。随着我国农用无人机产业化的推进、技术的成熟、价格的降低，无人机植保机械化技术前景看好。

三、植保无人机喷洒技术

（一）液滴雾化

现在无人机喷洒技术的研究发达国家主要在两个方面展开深入研究，分别是研究雾滴的沉降规律，通过建立雾滴分布数学模型以及如何精确应用 GPS 在防治病虫害时喷洒农药达到最大防治效果防治出现漏喷和重喷的情况。现在主要有两种喷头雾滴雾化的方式，液力式雾化以及离心式雾化。离心式雾化最主要是可以减轻整个喷洒设备的重量，便于操作喷洒农药，这是无人机最常采用的雾化喷头。原理是利用无人机上的发电机供电给喷头电动机，农药液通过离心力甩出去，雾滴得以形成。通过调节喷头转速可以轻松改变雾滴的大小，改变喷头转盘结构也可以达到这个目的。无人机飞行时的气流速度，外界大气流情况都将对雾滴下落的情况造成影响，农药喷洒的区域范围也将有改变，最终体现在对病虫害的防治效果上。因此需要对雾滴在无人机喷洒后的路径以及运动状态做进一步研究，在对液滴雾化方面的探究将对未来喷洒农药方面有很大的帮助。

（二）运输及沉降过程

雾滴在滴落以及沉降运动过程中有不确定性，像复杂的空间气流运动，会使得雾滴之间相互激烈碰撞融合，这让雾滴运动具有很多种随机情况。所以要得到空气流场中雾滴的均衡流动状态，建立雾滴流场的数学计算模型是十分必要的。研究员一般在实验室中通过一些专业软件来模拟喷雾的全过程。计算机模型能够对飞行器航空喷雾的全程进行生动模拟，雾滴沉降效果如何受风速、雾滴蒸发速度、空间气流实况等因素的影响都可以进行研究分析。AGDISP这种计算机模型加拿大将其应用于如何保护植物方面，美国则通过输入无人机喷嘴间距、雾滴质量等相关参数以及现场大气风速、温度等数据科学计算出雾滴的沉降量，对于后续研究如何更好精确喷洒农药起到重大作用。

（三）气候条件对喷洒的影响

提高雾滴喷洒准确率的关键之一是把握好喷雾时间，不同的地形地势会影响喷洒的最终效果。不仅如此，无人机机翼旋转产生的气流，喷洒作业产生的热量，不确定的风速都会影响雾滴落在农作物上的区域范围。如何最大程度减少农药液的飘散和挥发损失是需要着重研究的。目前研究表明当大气温度高于28℃时就需要适时停止喷洒操作，以减少不必要的损失。相关资料表明雾滴的漂移量与风速状况呈线性相关，影响雾滴的水平运动最关键要素是风速和风向，随着风速的加大雾滴的漂移量也增多。此外美国学者研究指出新的喷雾技术研究发展控制农药漂移关键，雾滴的大小需要结合大气温度，风速各方面综合考虑得出结果。为了合理有效控制雾滴漂移，最大程度利用农药，需要对气候加强研究，因为喷洒过程本身存在很多随机性，研究气象因素对喷洒效果的影响是极为必要的。

因为受土地资源限制、农业栽培模式的转变和农业经营规模的扩大，植物保护在不同地区机械化的实现需要不同模式。无人机高空喷洒农药具有很多地面农药喷洒设备没有的优点，它体积小、质量轻，便于操作人员操控，农药喷洒覆盖面更广也节省了人力。所以像丘陵地形、大型或小型田地都是十分合适的，但因为国内无人机喷洒技术发展较晚，技术水平还处于初级阶段，随着我国科技的不断发展以及科研人员的努力，无人机喷洒技术在我国现代农业防治中将会得到很好的利用。

四、农用植保无人机喷洒作业

（一）当日的准备

（1）要提前确认农用植保无人机和喷洒所需的材料是否已经准备好，把这些装入输送车上。

（2）请确认头盔、面罩、保护眼镜、长袖的上衣、长裤子等的装备是否合适。

（3）请确认对讲机是否可以使用。

（二）起飞操作时

（1）起飞场所的周边要没有障碍物，选择眼睛能够看到的平坦的农道。

（2）与作业相关的全体人员，请认真确认人和车是否有靠近。

（3）缓缓上升，当回旋翼稳定下来，就慢慢地上升并起飞。

（三）喷洒作业中

（1）风速超过 3 米/秒时，终止喷洒飞行。

（2）遵守飞行高度、飞行速度、飞行距离等喷洒标准。

（3）必须预留缓冲地，不要向着有障碍物的那一边飞行。

（4）飞控手和安全师要对飞行路径是否有障碍物、喷洒方向是否好等进行经常联络。

（5）农用植保无人机的移动要使用输送车辆，绝对不能在车上边操作边移动。

（6）为了进行药剂、电量等的补给而需要着陆的情况下，飞控手、安全师、飞控手助理要确认人和车是否有经过危险的范围内。

（7）进行电量补给、药剂补给的时候，必须要确认电动机停止之后才进行。

（8）一个小时休息一次。

（四）喷洒作业后

（1）喷洒完成之后，马上用香皂把手和脸洗干净。

（2）与飞控手共同协力把农用植保无人机和喷洒装置等清洁干净。

（五）作业完成清洗时

（1）药箱及喷洒装置里残留的农药要进行适当的处理。

（2）配管里的残余农药，在不影响环境的前提下，进行安全处理。

（3）药箱、配管、喷头等要特别清洗干净。